高等院校计算机系列教材

网页制作与网站设计

主　编　阳西述　周端锋　梁小满

副主编　郭广军　陈　娟　黄益民　李春芳　赵乘麟

参　编　周　辉　李科锋

WUHAN UNIVERSITY PRESS
武汉大学出版社

图书在版编目(CIP)数据

网页制作与网站设计/阳西述,周端锋,梁小满主编.—武汉:武汉大学出版社,2012.9
高等院校计算机系列教材
ISBN 978-7-307-09975-3

Ⅰ.网…　Ⅱ.①阳…　②周…　③梁…　Ⅲ.①网页—制作—高等学校—教材　②网站—设计—高等学校—教材　Ⅳ.TP393.092

中国版本图书馆 CIP 数据核字(2012)第 153760 号

责任编辑:林　莉　　　责任校对:刘　欣　　　版式设计:支　笛

出版发行:**武汉大学出版社**　　(430072　武昌　珞珈山)
　　　　(电子邮件:cbs22@whu.edu.cn 网址:www.wdp.com.cn)
印刷:通山金地印务有限公司
开本:787×1092　1/16　印张:18　字数:453 千字
版次:2012 年 9 月第 1 版　　2012 年 9 月第 1 次印刷
ISBN 978-7-307-09975-3/TP·437　　定价:36.00 元

前　言

网页是互联网上实现信息共享的主要形式，网站是互联网上最基本的信息发布平台。网页制作与网站设计是大学计算机专业、信息专业、现代教育技术专业和电子商务等专业学生应该掌握的一项基本技能。一本适合于高校教学需要，从基础到提高、从理论到实践有机结合的网页制作与网站设计教材，是本书编著的目的。

本教材共分为九章，按照循序渐进、突出重点、难度适中、结合实例讲理论与方法的原则，系统介绍了网页与网站基础、使用网页工具制作静态网页技术、网页图形与图像处理技术、网站的规划与设计、用 JavaScript 语言设计动态网页技术、用 VBScript 语言创作动态服务器网页（ASP）技术基础、ASP 对象操作技术、ASP 存取数据库技术和 BBS 微型论坛技术等内容。书中有大量实例，都经过了作者认真的调试。本书可作为高等院校计算机专业、网络专业、信息专业、现代教育技术和电子商务等专业的网页制作与网站设计课程的教材，也可供从事网页与网站开发设计的工程技术人员作为参考书。

本教材由湖南省第一师范学院网络中心阳西述副教授、信息技术系周端锋老师和衡阳师范学院计算机科学系梁小满副教授主编，由湖南省第一师范学院阳西述、周端锋，衡阳师范学院梁小满，湖南人文科技学院计算机科学系郭广军，湖南工程职业技术学院陈娟，吉首大学师范学院数学与计算机系黄益民，长沙理工大学计算机与通信学院李春芳，邵阳学院信息与电气工程系赵乘麟等工作在教学一线、具有丰富经验的老师共同编写。教材最终统稿由阳西述和周端锋两位主编完成。

感谢高等院校计算机系列教材编委会及各参编作者所在单位的院系领导及教师对本教材的支持，感谢各位读者使用本教材。

由于时间仓促，水平有限，缺点错误难免，恳请读者批评。

作　者

2012 年 9 月

目 录

高等院校计算机系列教材

第1章 网页与网站基础

【本章要点】
1. WWW、网页与网站的关系
2. 静态网页、动态网页和动态服务器网页
3. 用 HTML 编写静态网页的技术
4. 网站建设的步骤

1.1 WWW 简介

互联网（Internet）把世界上无数台计算机连接成一个巨大的计算机网络，其主要目的就是要实现信息资源的共享。互联网实现信息资源共享的主要途径，便是 WWW 服务。

WWW 是 World Wide Web 的缩写，即世界范围内的网络的意思，也叫万维网，有时简称为 Web。WWW 服务采用一种客户机浏览器／服务器体系结构。在这种体系结构中，WWW 客户机通常比较简单，它仅仅是已接入 Internet 并具有网页浏览器的计算机。而 WWW 服务器相对复杂得多，它除了负责接收所有来自客户机的访问请求并进行相应的处理之外，还需要对自身的资源进行合理的配置、管理和优化。

WWW 服务的信息资源是以 Web 网页的形式组织起来的，Web 网页存放在资源提供者的 WWW 服务器里。互联网上每一台 WWW 服务器都有不同的地址，普通的互联网用户只要在计算机的浏览器中输入不同的 WWW 服务器地址就能"浏览"不同 WWW 服务器里的 Web 网页。在 Web 网页中通过一种"链接"技术，可以实现 Web 网页之间的连接与跳转，用户只要点击 Web 网页里的某个"链接"就可以跳转并打开相应的另一个 Web 网页。

Web 网页在 WWW 服务器与 WWW 客户机之间按照 http 协议进行传输。http 是 hypertext transfer protocol（超文本传输协议）的缩写，它是实现 Web 网页在互联网（Internet）上传输的应用层协议。WWW 服务的体系结构可用图 1-1 简单示意。

图 1-1 WWW 服务体系结构图

从图 1-1 中可以看出，WWW 客户机和 WWW 服务器之间的通信通常分为四个步骤：
（1）首先客户机通过浏览器向服务器发送 http 请求，请求一个特定的 Web 网页；
（2）这个请求通过 Internet 传送到服务器端；

（3）服务器接收这个请求，找到所请求的网页，然后用 http 协议再将这个 Web 网页通过 Internet 发送给客户机；

（4）客户机接收这个 Web 网页，并将其显示在浏览器中。

1.2 网页与网站的关系

Web 网页，简称为网页，一般是用 HTML 语言和其他 Script 语言编写而成的程序文件。HTML 是 HyperText Markup Language 的缩写，即超文本标记语言；Script 语言是嵌入式脚本语言，如 JavaScript、VBScript、JSScript 等。除文本以外，其他媒体素材（图像、声音、动画和影像等），都需要保存成单独的文件，然后才能嵌入到网页文件中。

一个 WWW 服务器里常常有许多网页和相关文件，将这些网页及相关文件存放到一个主目录（也叫根目录）下，为便于分类查找、组织和管理，常常将它们分类存放到同一主目录下的不同子目录里。然后将这些网页以链接的形式组织起来，并确定一个主网页（主网页存放在根目录下），就形成了一个网站。当互联网用户访问到某网站时，首先打开的就是该网站的主网页（简称为主页），通过链接，用户可以方便地从主网页到达各个分网页，也可以从分网页很容易地回到主网页。如图 1-2 所示为网站内多个网页之间的链接关系。

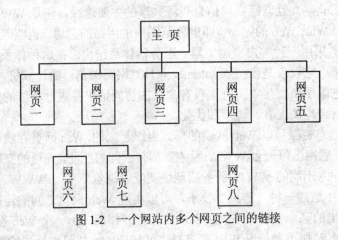

图 1-2 一个网站内多个网页之间的链接

从用户的角度来看，网站的主要特征有：

（1）拥有众多的网页。从某种意义上讲，建设网站就是制作网页，网站主页是最重要的网页。

（2）拥有一个主题与统一的风格。网站虽然有许多网页，但作为一个整体来讲，它必须有一个主题和统一的风格。所有的内容都要围绕这个主题展开，不切合主题的内容不应出现在网站上。网站内所有网页要有统一的风格，主页是网站的首页，也是网站最为重要的网页，所以首页的风格往往就决定了整个网站的风格。

（3）有便捷的导航系统。导航是网站非常重要的组成部分，也是衡量网站是否优秀的一个重要标准。便捷的导航能够帮助用户以最快的速度找到自己所需的网页。导航系统常用的实现方法是导航条、导航菜单、路径导航等。

（4）分层的栏目组织。将网站的内容分成若干个大栏目，每个大栏目的内容都放置在网站内的一个子目录下，还可将大栏目分成若干小栏目，也可将小栏目分成若干个更小的栏目。

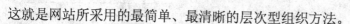

这就是网站所采用的最简单、最清晰的层次型组织方法。

（5）有用户指南和网站动态信息。除了能完成相应的功能之外，还应有相应的网站说明，指导用户如何快捷地搜索、查看网站里的内容。网站还应具有动态发布最新信息的功能。

（6）与用户双向交流的栏目。网站还有一个重要的功能，就是收集用户的反馈信息，与用户进行双向交流。双向交流栏目常采用 E-mail、留言板或 BBS 的方式。

（7）有一个域名。任何发布在互联网上的网站都有不同于其他网站的域名，互联网上每一台主机（客户机和服务器）都有一个不同于别的主机的 IP 地址。网站域名必须要与该网站所在 WWW 服务器的 IP 地址相对应，如百度网站的域名是 www.baidu.com，它所在的 WWW 服务器的 IP 地址是 220.181.18.155。从域名到 IP 地址的解析，是由域名服务器（DNS）完成的。

1.3　静态网页、动态网页和动态服务器网页

Web 网页有很多种，例如 HTML 网页、DHTML 网页、ASP 网页、JSP 网页、PHP 网页等，但总的来说可以分为三类：静态网页、动态网页和动态服务器网页。

静态网页指的就是 HTML 网页，即用 HTML 语言编写的网页，它是所有其他网页技术的基础。其中所有的网页对象，包括文字、图片、超链接、Flash 动画、表格、列表等都需要通过 HTML 才能展现出来。当客户机通过 Internet 向 WWW 服务器发出 http 请求时，WWW 服务器响应请求，如果发现这是一个 HTML 网页，WWW 服务器找到这个 HTML 网页文件后，就用 http 协议通过 Internet 将这个网页发送到客户机，网页在客户机浏览器里按照 HTML 的规则呈现出来。如图 1-3（a）所示。

动态网页主要指的是 DHTML 网页，它主要通过脚本(包括 JavaScript、VBScript 和 JsScript)、层叠样式表（CSS）及文档对象模型（DOM）的综合使用，能让网页中的对象产生各种动态变化，例如鼠标移上后弹出快捷菜单、随滚动条移动的广告图片等。动态网页与静态网页的访问方式相似，不同的是，网页文件到达客户端后由 HTML 语言和 DHTML 脚本语言共同确定网页在浏览器里如何显示。

动态服务器网页是在 WWW 服务器端动态生成网页的技术，ASP、JSP、PHP 等都属于动态服务器网页技术，本书将学习目前非常流行的 ASP 技术。动态服务器网页一般都需要通过访问数据库（或文本类文件）来实现网页的生成，系统中可有一台单独的数据库服务器（存放数据库），也可以是 WWW 服务器与数据库服务器合二为一。当 WWW 客户机通过互联网向 WWW 服务器发出 http 请求时，WWW 服务器响应客户机的 http 请求，如果发现请求的是一个动态网页（如 ASP、JSP 或 PHP 等动态网页），WWW 服务器就需要将这个请求转交给一个应用程序（如 ASP、JSP、PHP 程序等），应用程序根据需要从数据库（或其他文本型文件）中取出相应的数据并对其进行相应的处理，然后动态生成一个新的 HTML 网页，再由 WWW 服务器通过 HTTP 协议将这个 HTML 网页传递给客户机。最后，在客户机浏览器里按照 html 和 DHTML 规则呈现出网页效果。如图 1-3（b）所示。

不同的网页技术，其作用范围不同。HTML 和 DHTML 是作用在客户端浏览器中，也就是说它们是在网页下载到客户端浏览器之后发生作用；而动态服务器网页技术（ASP，JSP，PHP 等）作用在 WWW 服务器端，它们在即时生成 HTML 静态网页文件之后便不再对网页发生任何作用。

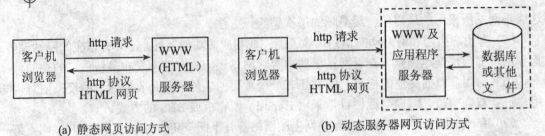

(a) 静态网页访问方式　　　　　　　　　　(b) 动态服务器网页访问方式

图 1-3　静态网页及动态服务器网页的访问方式

1.4　用 HTML 编写静态网页

1.4.1　HTML 简介

HTML 的英文全称为 HyperText Markup Language，中文称为超文本标记语言。用 HTML 语言编写的网页是静态网页。HTML 是网页的基本语言，也是其他网页技术的基础，所以如果要学习如何做网页，首先就必须从 HTML 开始学起。

HTML 是一种结构化的语言，采用标记来描述网页内容，所有的标记都是由 "<"、标记字符串（暂用 "tag"、"/tag" 代表）和 ">" 组成，HTML 语言使用类似于 "<tag>…</tag>" 的结构来描述网页中所有的内容，如头部信息、段落、列表、超链接、图片、表格等。其中 "<tag>" 被称为起始标记，"</tag>" 被称为结束标记，统称标记。起始标记、结束标记及其中间内容组成 HTML 元素，HTML 元素是 HTML 的基本组成单位，例如段落元素（<p>…</p>）、头部元素（<head>…</head>）、超链接元素（<a>…</a>）等。大多数元素都有配对的起始标记和结束标记，少数只有起始标记而没有结束标记（或结束标记可省略）。另外，每个元素都有一些相关的属性，属性只出现起始标记里，并且具有固定的描述结构，这个结构形如：属性名="属性值"。

例如下面一个描述超链接的例子，所有代码组成的是一个完整的超链接元素：

<a href="http://www.163.com" target="_blank">网易网站</a>

其中 "<a>" 是超链接元素的起始标记，"</a>" 是超链接元素的结束标记。"网易网站" 是网页中将要出现的链接文字，当单击这个字符串时将会打开 "href" 所指向的网页。"href" 和 "target" 是元素 a 的两个属性，"http:// www.163.com" 是 "href" 的属性值，表示链接目标地址；"_blank" 是 "target" 的属性值，表示将在一个新窗口中打开目标网页。地址标记名称与属性之间、属性与属性之间要有空格符相隔。

可以用任意一种文本编辑工具（如记事本、写字板、WORD 等）来编写 HTML 网页文件。

注意：

（1）HTML 标记只能使用半角字符，HTML 的标记字母可采用半角大写或小写的形式，本章所有的 HTML 标记字母都采用半角小写字母。

（2）HTML 文件名要采用半角英文或半角其他 ASCII 字符命名，如果采用中文字符命名，在互联网上可能查找不到。HTML 文件的扩展名为.htm 或.html。

（3）HTML 的注释，采用 "<!--…-->" 表示，凡在符号 "<!—" 与 "-->" 之间的所有内容（可以跨行）都是注释，浏览网页时注释内容不会显示出来。

本章将大量使用这一注释方法来解释 HTML 标记的功能、参数及含义。

1.4.2　HTML 静态网页基本结构

1. HTML 最基本的标记

```
<html>          <!-- HTML 网页文件起始标记-->
</html>         <!-- HTML 网页文件结束标记 -->
<head>          <!--网页头部说明起始标记 -->
</head>         <!--网页头部说明结束标记 -->
<title>         <!--网页标题起始标记 -->
</title>        <!--网页标题结束标记 -->
<body>          <!--网页主体开始标记 -->
</body>         <!--网页主体结束标记 -->
```

一个 HTML 网页文件总是从<html>标记开始，以</html>标记结束；网页的标题（浏览网页时，显示在浏览器的标题栏）总是在<title>和</title>之间定义；网页主体内容则在<body>和</body>之间描述。

2. HTML 网页的基本结构

由上述基本 HTML 标记可构成 HTML 网页的基本结构。如 1-1.htm 所示：

---清单 1-1　1-1.htm---

```
<html>
  <head>
      <title>HTML 网页基本结构</title>
  </head>
  <body>
      这是我制作的第一个网页。
      <!--   Hello! How do you do!
      这里是注释内容，不会显示   -->
  </body>
</html>
```

浏览 1-1.htm 网页文件，效果如图 1-4 所示。

图 1-4　基本 HTML 网页

由此可以看出，网页的主体内容是在<body>和</body>之间定义的。

注意：若采用记事本编辑 HTML 文件，保存文件并给文件命名时，注意要将文件名和扩展名（.htm 或.html）都写上。在有的系统中，还要在"保存类型"下拉框中选择"所有类型"，才能确定保存文件的扩展名为.htm 或.html，否则保存的文件名称可能是"XXXX.htm.txt"或"XXXX.html.txt"。

1.4.3　网页内的文字格式

1.　标题字体的定义

　　　<hn align="#">…… </hn>

<!-- 定义第 n 号标题字体，n=1~7，n 值越大，字越小；

align 属性定义文字水平对齐方式，#可选 center、left 或 right，分别表示居中、左对齐、右对齐，双引号可以省略，align 属性为可选项。

以下许多标记中都含有可选属性 align 项，其功能、格式与此相同。-->

如：<h1>……</h1>

　　　<h2>……</h2>

等等。

2.　文本文字的定义

<font face="fontname" size=n color=rrggbb align="#">……</font>

<!-- 定义文字的各种属性。

face 属性定义文字的字体，fontname 为能获得的字体名称；

size 属性定义文字的大小，n 为正整数，n 值越大则字越大；

color 属性定义文字的颜色，颜色属性值由红（red）、绿（green）、蓝（blue）三原色所占比例多少来确定，每种颜色用 2 位十六进制数来表示，合起来用 rrggbb 表示，其取值范围为 000000~ffffff，可在数字前加一个"#"，如#0077ff，表示这是个十六进制数，也可以不写"#"，因为默认就是十六进制数；

align 含义与前面所述相同。

face、size、color 和 align 属性都是可选项，排列顺序任意。　　-->

如：<font face="黑体">……</font>

　　　<font face="宋体" size=4>……</font>

等等。

3.　加粗、倾斜与下画线的定义

……　　　<!--加粗文字-->

……　　　<!--文字倾斜-->

<u>……</u>　　　<!--加下画线-->

使用加粗、倾斜与下画线标记（b、i、u），可对文本文字进一步修饰。

如：<font size=5>……</font>，等等。

含有这些标记组成的一个网页文件 1-2.htm 如下：

```
--------------------------------------清单 1-2    1-2.htm--------------------------------------
<html>
  <head>
    <title>标题字体与文本文字的定义</title>
  </head>
  <body>
    <h1>第 1 号标题字体</h1>
    <h2>第 2 号标题字体</h2>
    <h3>第 3 号标题字体</h3>
    <h4>第 4 号标题字体</h4>
    <h5 align="center">第 5 号标题字体（居中）</h5>
    <font face="黑体" size=3>黑体 3 号文字</font>
    <i><u><font face="仿宋体" size=4>仿宋体 4 号文字（倾斜、下画线）</font></u></i>
    <font face="宋体" size=5 color=ff0000>宋体 5 号红色文字</font>
  </body>
</html>
```

浏览 1-2.htm 网页文件，效果如图 1-5 所示。

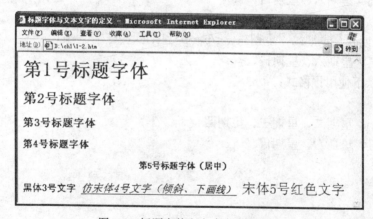

图 1-5   标题字体和文本文字的定义

注意：HTML 大多数标记都有起始标记和结束标记，这些起始标记/结束标记对可以嵌套使用，但不能相互交叉。

1.4.4 分段、换行与预格式

1. 分段标记

<p align="#">……</p>

<!-- 分段标记，align 属性可选，属性值#可为 left、center 或 right，双引号可省略，</p>
可省略。-->

高等院校计算机系列教材

2. 换行标记

\<br\>

\<!-- 换行标记，此标记没有与之配对的结束标记。--\>

3. 预格式标记

\<pre\>……\</pre\>

\<!-- 预格式标记，即按照 html 网页源文件的格式显示文字。--\>

含有分段标记、换行标记和预格式标记的网页文件 1-3.htm 如下：

---清单 1-3   1-3.htm---

```
<html>
  <head>
    <title>分段换行与预格式</title>
  </head>
  <body>
    <h3>以下是没有使用分段、换行与预格式标记的情况：</h3>
    星期一、星期二、星期三、星期四、
    星期五、星期六、星期日。
    <h3>以下是使用了三个换行标记的情况：</h3>
    星期一、星期二、<br>星期三、星期四、<br>
    星期五、星期六、星期日。<br>
    <h3>以下使用分段标记（分为两段）：</h3>
    <p>星期一、星期二、星期三、</p><p>星期四、
    星期五、星期六、星期日。</p>
    <h3>以下使用预格式：</h3>
    <pre>
    星期一、星期二、星期三、星期四、
    星期五、星期六、星期日。
    </pre>
  </body>
</html>
```

浏览 1-3.htm 网页文件，效果如图 1-6 所示。

1.4.5 媒体元素的插入

1. 图像的插入

\<img src="path&filename" width=n1 height=n2 align="#"\>\</img\>

\<!-- 图像插入标记；

src 属性说明图片文件所在路径与名称，图像文件可以是 jpg、gif 或 png 格式的文件；

width 属性定义图片的宽度，height 属性定义图片的高度；

n1、n2 取正整数，单位是像素点；

align 定义图片水平对齐方式，属性值#可为 left、center 或 right，可不加双引号；

width,height,align 属性都是可选项，缺省 width, height 属性时，图像为默认大小；
</img>标记可省略。

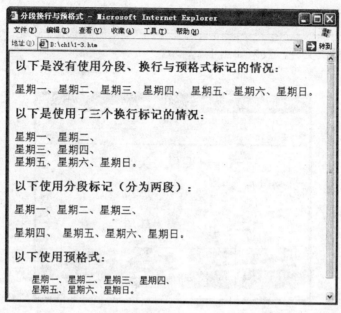

图 1-6　分段、换行与预格式

-->

如：`<img src="photo1.jpg"></img>`

　　　`<img src="map1.gif">`

等等。

使用了 img 标记插入图像的网页文件 1-4.htm 如下：

--清单 1-4　　1-4.htm--

```
<html>
  <head>
    <title>网页图像的插入</title>
  </head>
  <body>
    <h3 align=center>一、gif 图像"笑脸"</h3>
    <p align=center>
      <img src="FC01.gif">  <img src="FC02.gif">
      <img src="FC03.gif">  <img src="FC04.gif">   <img src="FC05.gif">
      <img src="FC06.gif">  <img src="FC07.gif">
    </p>
    <h3 align=center>二、jpg 图像"环境"</h3>
    <p align=center>
        <img src="RM01.jpg">  <img src="RM02.jpg">
```

```
            <img src="RM03.jpg">   <img src="RM04.jpg">
        </p>
    </body>
</html>
```

浏览 1-4.htm 网页文件,效果如图 1-7 所示。

图 1-7　图像的插入

2. 其他媒体元素的插入

< embed src="….. " width=n1 height=n2 align=#></embed>

<!-- 其他媒体元素(如动画、声音、视频等)插入标记,src 属性指明媒体文件的路径和名称,其他属性的含义与 img 标记属性相同,</embed>可省略。

-->

如:<embed src="movie1.avi"></embed>

　　<embed src="flash1.swf">

等等。

使用 embed 标记插入视频、动画等媒体元素的网页文件 1-5.htm 如下:

---清单 1-5　1-5.htm---

```
<html>
    <head>
        <title>视频、动画媒体的插入</title>
    </head>
    <body>
        <h4 align=center>一、avi 视频</h4>
        <p align=center>
         ·<embed   width=200 height=120 src="movie0.avi">
        </p>
        <h4 align=center>二、SWF 动画 </h4>
```

```
        <p align=center>
            <embed    width=200 height=120 src="flash0.swf">
        </p>
    </body>
</html>
```

浏览 1-5.htm 网页文件，效果如图 1-8 所示。

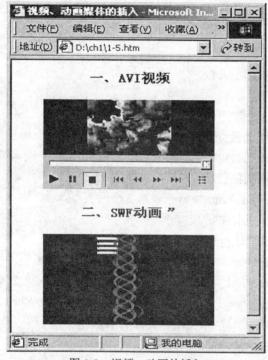

图 1-8 视频、动画的插入

1.4.6 超链接的使用

超链接标记的形式：

<a href="URL"|"#yyyy">……</a>

或 <a name="yyyy"></a>

1. 网页文件的链接

<a href="URL">……</a>

<!-- 定义超链接，href 属性指明链接的目标，URL 叫统一资源地址，包括网络路径和文件名，当 URL 为 mailto:xxx@yyy.zzz 形式时，是邮件链接；

当被链接的文件类型不能被浏览器识别时，将出现是否保存该文件的对话框；

"……"是链接对象，它可以是一串字符，也可以是一幅图片（或图片的一部分，见第2 章 2.5 节），点击它会进入到 href 所指定的链接目标。 -->

例如：<a href="http://www.sohu.com">搜狐网站</a>

```
                    <a href="1-2.htm">第一章第 2 个网页</a>
                    <a href="mailto:xiaoli@163.com">给我留言</a>
                    <a href="files\a1.ppt">幻灯片演示课件 1 </a>
```

2. 锚点的定义与页内链接

当网页内容很长需要进行页内跳转链接时，就需要定义锚点和锚点链接。

```
<a name="yyyy"></a>           <!-- 定义锚点 yyyy，这时</a>可省略 -->
<a href="#yyyy">......</a>   <!-- 网页内跳转链接，链接到锚点 yyyy 处 -->
```

用这些链接标记组成的一个网页文件 1-6.htm 如下：

---清单 1-6   1-6.htm---

```
<html>
  <head>
    <title>超链接的使用</title>
  </head>
  <body>
        <h3>互联网链接</h3>
            <a href="http://www.hnfnc.edu.cn/index.html">湖南第一师范</a>
        <h3>本地网页的链接</h3>
            <a href="1-2.htm">第一章第 2 个网页</a>
        <h3>非网页文件的链接</h3>
            <a href="a1.ppt">幻灯片演示课件 1</a>
            <a name="a0"><h3>锚点的使用</h3>
            <a href="#a1">.第一段.</a>   <a href="#a2">.第二段.</a>   <a href="#a3">.
            第三段.</a>   <a href="#a4">.第四段.</a><br><br>
            <a name="a1">第一段   春天的故事
            <br><br><br><br>
            <a href="#a0">返回</a><br><br>
            <a name="a2">第二段   夏天的故事<br>
            <br><br><br><br>
            <a href="#a0">返回</a><br><br>
            <a name="a3">第三段   秋天的故事<br>
            <br><br><br><br>
            <a href="#a0">返回</a><br><br>
            <a name="a4">第四段   冬天的故事<br>
            <br><br><br><br>
            <a href="#a0">返回</a><br><br><br><br><br><br><br><br>
  </body>
</html>
```

浏览 1-6.htm 网页文件，效果如图 1-9 所示。

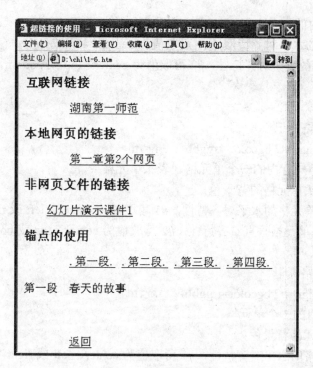

图 1-9　超链接的使用

在图 1-9 中点击网内链接文字 ".第二段." 时，会立即跳转到页内锚点 a2 处（即 "第二段" 的前面）。单击链接文字 "第一段"、"第三段" 和 "第四段" 时，也有相似的功能。按 "返回" 则跳转到锚点 a0 处（即文字 "锚点的使用" 前面）。

1.4.7　表格的设计

1. 表格标记

<table border=n1 cellspacing=n2 cellpadding=n3 bgcolor=rrggbb width=n4 height=n5>……
</table>

<!--　定义一个表格，border 指定表格边线宽度；

cellspacing 指定单元格间距，cellpadding 指定单元格边距；

n1、n2 和 n3 可取正整数 1、2、3、4 等，单位为像素点；

width、height 分别指定表格的宽度和高度；

n3、n4 可取正整数或百分数，正整数表示像素点，百分数表示表格占整个浏览器窗口尺寸百分比；

bgcolor 指定表格背景颜色，rrggbb 表示红绿蓝 6 位十六进制数（每种颜色各占 2 位）。所有这些属性，都是可选项。　-->

2. 表题标记

<caption>……..</caption>

<!-- 定义表格的表题，表题位于表格上方，居中。-->

3. 表行标记

<tr align=#1 valign=#2 bgcolor=rrggbb>……</tr>

高等院校计算机系列教材

<!-- 定义表格内的一个表行，bgcolor 定义表行的背景色；

align 定义表行的水平对齐特性，#1 可取值为 center、left 或 right；

valign 定义表行的垂直对齐特性，#2 可取值为 center、top 或 bottom，分别表示居中、上对齐或下对齐。 -->

4. 单元格标记

（1）表头单元格标记

<th align=#1 valign=#2 bgcolor=rrggbb>……</th>

<!-- 定义表格第一行内的一个单元格（表头单元格）；

bgcolor 定义表头单元格的背景色；

align 定义表头单元格的水平对齐特性，#1 可取值为 center、left 或 right；

valign 定义表头单元格垂直对齐特性，#2 可取值为 center、top 或 bottom。

-->

（2）普通单元格标记

<td align=#1 valign=#2 bgcolor=rrggbb>……</td>

<!-- 定义表行内的一个单元格；

bgcolor 定义单元格背景色；

align 定义单元格的水平对齐特性，#1 可取值为 center、left 或 right；

valign 定义单元格垂直对齐特性，#2 可取值为 center、top 或 bottom。

-->

例如，一个 3 行 4 列有表题、表头行的表格可用以下方式定义：

```
<table>
    <caption>………</caption>
    <tr>
        <th>….</th><th>….</th><th>….</th><th>….</th>
    </tr>
    <tr>
        <td>….</td><td>….</td><td>….</td><td>….</td>
    </tr>
    <tr>
        <td>….</td><td>….</td><td>….</td><td>….</td>
    </tr>
</table>
```

注意：表行一定要包含在表格起始标记<bable>和对应的表格结束标记</bable>之间，单元格一定要位于表行起始标记<tr>和对应的表行结束标记</tr>之间。一个表格内可有多个表行，一个表行内可有多个单元格。可以在一行内写多个开始/结束标记对，也可以每行只写一个开始/结束标记对。为使结构清晰明了，最好按照缩进格式书写。

表格可嵌套使用，即可在一个单元格内再定义一个表格。

含有表格的一个网页文件 1-7.htm 如下所示：

--清单 1-7　　1-7.htm--

```html
<html>
 <head>
  <title>表格的使用</title>
 </head>
 <body>
  <table border=1>
  <caption><b>课程表</b></caption>
  <tr bgcolor=80ff80>
    <th>   </th>
    <th>星期一</th>
    <th>星期二</th>
    <th>星期三</th>
    <th>星期四</th>
    <th>星期五</th>
  </tr>
  <tr align=center>
    <td>第 1、2 节</td>
    <td>语文</td>
    <td>数学</td>
    <td>物理</td>
    <td>化学</td>
    <td>计算机</td>
  </tr>
  <tr align=center>
    <td>第 3、4 节</td>
    <td>政治</td>
    <td>历史</td>
    <td>地理</td>
    <td>生物</td>
    <td>英语</td>
  </tr>
  <tr align=center>
    <td>第 5、6 节</td>
    <td>体育</td>
    <td>英语</td>
    <td>语文</td>
    <td>数学</td>
    <td>物理</td>
  </tr>
```

```
    <tr align=center>
      <td>第 7、8 节</td>
      <td>音乐</td>
      <td>美术</td>
      <td>体育</td>
      <td>二课堂</td>
      <td>休息</td>
    </tr>
  </table>
 </body>
</html>
```

浏览 1-7.htm 网页文件，效果如图 1-10 所示。

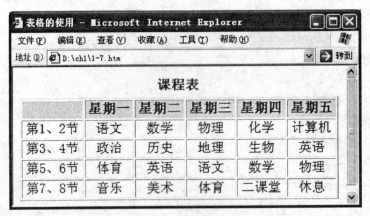

图 1-10　表格的创建

1.4.8　网页属性的设置

网页属性的设置，在 body 标记内进行。

<body bgcolor=rrggbb background="path&filename" text=rrggbb link=rrggbb alink=rrggbb vlink=rrggbb >......</body>

<!-- bgcolor 属性指定背景颜色（默认背景色为白色）；

background 指定背景图片，path&filename 为背景图片的路径与名称；

text 指定网页文字的默认颜色，link 超链接文字的颜色；

alink 活动链接文字的颜色，vlink 已经访问过的超链接文字的颜色；

rrggbb 是 6 位表示红绿蓝颜色的十六进制数。 -->

注意：背景图优先级比背景颜色优先级高，当同时指定背景颜色和背景图时，显示背景图；text 属性指定网页内文字的默认颜色，若网页内容中用其他方式指定了文字的颜色则文字显示为指定色，否则按默认色显示；6 位十六进制数分别表示红、绿、蓝色成分；当指定背景图时需同时指定图片文件所在路径与名称。

设置了网页属性的一个网页文件 1-8.htm 如下：

--清单 1-8　1-8.htm--

```
<html>
    <head>
        <title>网页属性的设置</title>
    </head>
    <body bgcolor=80ff80 text=0000ff link=ffff00 alink=00ff00 vlink=00ffff>
        <h3 align=center>(默认字颜色)1、锄禾</h3>
        <p align=center >锄禾日当午，汗滴禾下土。谁知盘中餐，粒粒皆辛苦。</p>
        <font color=ff0000><h3 align=center>(指定红色字)2、锄禾</h3>
        <p align=center >锄禾日当午，汗滴禾下土。谁知盘中餐，粒粒皆辛苦。(指定红色
字结束)</p></font>
        <h3 align=center>3、链接字颜色</h3>
        <p align=center ><a href="http://www.hnfnc.edu.cn">湖南第一师范</a>
        <a href="http://www.sohu.com">搜狐网</a>
        <a href="http://www.sina.com.cn">新浪网</a></p>
    </body>
</html>
```

浏览 1-8.htm 网页文件，效果如图 1-11 所示。

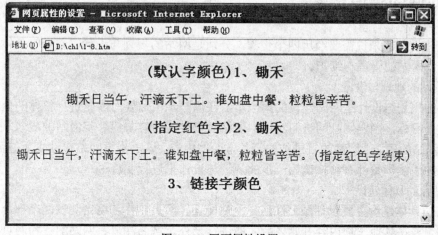

图 1-11　网页属性设置

1.4.9　HTML 标记分类

HTML 有 50 多个标记对，本书将这些标记名称分类，如表 1-1 所示。同学们通过后续
章节的学习，可逐步熟悉其他标记的使用。

表 1-1 　　　　　　　　　　　　　　HTML 标记分类

类别	标 记 名 称
文档结构	html、head、body、frameset
头部	title、meta、link、base、style
分段分块	center、address、pre、p、br、div
列表	dir、dl、dt、dd、li、ol、ul
表格	table、tr、td、th、caption
表单	form、input、select、option、textarea、menu
超链接	a、map、area
字符格式	font、h1~7、b、i、u、s、strike、small、big
帧	frameset、frame、noframe、iframe
图片、媒体元素	img、embed
层	div、span、layer、ilayer
脚本	script
内嵌对象	applet、object、param

　　HTML 静态网页文件可以采用上述手工编写代码的方法，也可以使用一种网页工具软件自动生成 HTML 网页文件(第 2 章将要学习)。但是，作为一个网页制作人员，必须懂得 HTML代码的功能与含义，才能灵活创作网页。

1.5　网站的建设步骤

　　网站建设总的来说需要经历四个步骤，分别是网站的规划与设计、站点的具体建设、网站的发布和网站的管理与维护。

　　1. 网站的规划与设计

　　网站的规划与设计是网站建设的第一步，在这一步中需要对网站进行整体的分析，明确网站的建设目标，确定网站的访问对象、网站应提供的内容与服务及网站的域名，设计网站的标志、网站的风格、网站的目录结构等各方面的内容。这一步是网站建设成功与否的前提，因为所有的后续步骤都必须按照第一步的规划与设计来进行实施。

　　2. 站点的具体建设

　　站点的具体建设主要包括域名注册、网站配置、网页制作和网站测试四个部分。除了网站测试必须要在其他三项内容开始之后才能进行之外，域名注册、网站配置和网页制作相对独立，可以同时进行。

　　3. 网站的发布

　　相关的内容都建设好后，就可以正式地发布网站，也就是说将网站放到 Internet 上允许用户通过网站的域名进行访问。

　　4. 网站的管理与维护

　　网站的管理与维护虽然是最后一个步骤，但实际上贯穿网站建设的全过程，只要网站没有停止运行，就需要对其进行管理和维护，所以这一步也是最为费时的一步。网站的管理和维护主要包括安全管理、性能管理和内容管理三个方面。

专业技术人员在建设与管理网站一般都按以上第 1~4 步顺序进行。但网站建设是一个循环的过程，并不是一次过后就结束了。它需要随着需求的变化不断地对网站进行再次规划与设计，进而不断地建设和发布新的内容与服务，不断地升级服务器和网络环境以保障网站的运行性能。

学生在学习网页与网站技术时，不必照搬上述顺序。可以先学习并掌握一些基本的网页制作技术，然后再去学习网站规划、建设与设计等内容，这样能够循序渐进、事半功倍。

【练习一】

1. 使用记事本工具编辑一个具有 HTML 基本结构的网页。
2. 练习在 HTML 网页中使用各种文本编辑的标记，以及段落格式标记。
3. 练习在 HTML 网页中插入图像标记。
4. 练习在 HTML 各标记内属性的设置。

注意所有 HTML 标记都必须为英文半角字符。保存 HTML 网页文件时，文件名尽量使用英文半角字符串，扩展名.html 或.htm 不能省略。

【实验一】　用 HTML 语言制作含多个静态网页的个人网站

实验内容：

1. 在本地计算机上新建一个文件夹，作为本地个人网站的根目录，所有的网页文件及其他相关文件都保存在该目录下。

2. 使用"记事本"工具编辑三个以上相互之间有"链接"关系的网页，其中一个为主页，其余几个为分网页。从主页可以方便到打开另两个分网页，从任意一个分网页可以方便地返回主网页。要求在实验报告中画出这几个网页之间的链接关系图。

3. 主网页名称为"×××的主页"（×××是作者名称，浏览时显示在网页的标题栏），主网页里有一个题目，还有作者基本情况介绍和作者的一张相片，并有到达其他分网页的链接，还要有两个以上著名网站的友情链接。

4. 第一个分网页介绍作者的学习情况，还要有一张周作息时间（包括星期一到星期日的上课课程、自习和休息娱乐）安排表格，网页文字应采用多种字体、大小和颜色。

5. 第二分网页反映作者兴趣爱好，网页要有淡淡的背景色，网页内要插入图片、视频、动画等媒体元素，使用标记属性对插入的媒体元素进行控制，文字的颜色与背景要容易区别。

6. 所有网页的布局要合理、美观，分网页里应有返回主页的链接文字或链接图。

7. 制作网页用的相片、图片、动画、视频等素材要在课前准备好，或到互联网上搜索（如：http://jpkc.hnfnc.edu.cn/2006_dmtcai 网站里有大量的媒体素材）。

第 2 章 使用网页工具制作静态网页

【本章要点】

1. Dreamweaver 的基本使用方法
2. 表格和表格的嵌套
3. 插入图像、动画与其他媒体元素
4. 使用超链接、表单
5. CSS 技术和层的使用
6. 使用框架

在第 1 章学习了 HTML 语言，知道了使用文本编辑器（如记事本）编辑网页代码（如 HTML），就可以制作复杂的网页和站点。但是对于不太熟悉 HTML 语言的初学者来说，编写出来的网页可能和理想中的网页的效果相差很大。

还好，有帮助网页设计者编写代码的所见即所得的网页编辑软件，即使在不懂代码的情况下，只要使用这些网页编辑软件就也可以快速完成普通的网页；即使是精通网页代码的网络程序员，使用这些网页软件可以成倍地提高网页制作的效率。常见的网页软件较多如 FrontPage、Word、Dreamweaver 等，它们提供了可视化的菜单操作，用户只要使用菜单或填写对话框，软件就会生成相应的代码。

FrontPage 是 Microsoft Office 系列软件的重要组成部分，它的使用与 Word 软件编辑文档十分相似，如果对 Word 非常熟悉，那么使用 FrontPage 制作网页一定会非常顺手。和其他的网页软件相比，FrontPage 的强大之处是站点管理，它能通过 Internet 直接对远程服务器上的站点进行管理。

Word 也是 Microsoft Office 的组成部分，以强大的文字处理功能而著称，而它的网页编辑功能常常被用户忽略。使用菜单[文件]→[新建]命令，在"新建"对话框中选择 Web 选项，也可以创建网页。再使用菜单[视图] →[HTML 源文件]命令，调用 Microsoft Development Environment 编辑代码和管理文档。由于大部分个人计算机都安装了 Word，因此在找不到其他网页软件时使用 Word 也是不错的选择。

Dreamweaver 是 Macromedia 公司开发网页编辑软件，它的强大功能、友好的界面和强大的代码编写能力已经远远超越了其他的网页设计软件，用 Dreamweaver 开发出来的网页与所有的浏览器都兼容。在综合性能上 Dreamweaver 是目前最优秀的一个软件，是网页制作与网站管理的首选软件。

本章学习 Dreamweaver 软件的使用，同时深入学习静态网页的制作。"公欲善其事，必先利其器。"让我们从学习网页制作的工具 Dreamweaver 的使用开始吧！

2.1　Dreamweaver 入门

Macromedia 公司所开发的 Dreamweaver、Flash 和 Fireworks 并有"网页三剑客"的称号，是制作网页网站的利器。本章以其最新版本 Dreamweaver 8 学习使用此软件编辑网页。

2.1.1　Dreamweaver 8 的界面

第一次使用 Dreamweaver 8.0 时会弹出"工作区设置"的对话框，其中有"设计器"和"编码器"两种工作区选项，这里我们使用"设计器"，点击"确定"进入，这两种集成工作区在默认外观上有一定的区别，但在本质上是没有区别的。确定后，系统自动打开一个空白未命名的文档窗口，这就是制作网页时的系统界面，如图 2-1 所示。

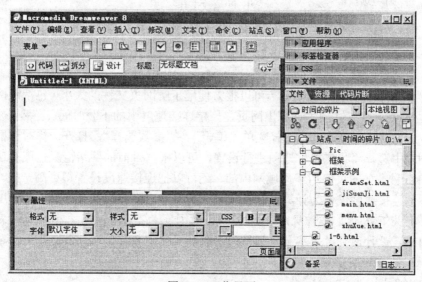

图 2-1　工作界面

1. 菜单栏

菜单栏是描述软件完整功能的方式，它提供软件功能的所有命令选项。

2. 插入栏

插入栏包括多种网页对象（常用、布局、表单、文本、HTML、应用程序、Flash 元素和可以自定义的收藏夹），可用于插入相应的对象。如果要在网页中插入这些对象，单击该栏上方某类对象的标签，则下方会显示出该类对象的若干按钮，当鼠标指针移动到一个按钮上时，会出现一个工具提示，其中含有该按钮的名称。再单击这些按钮就可以在文档窗口的光标处插入相应的对象。要注意的是，某些类别的按钮具有带弹出式菜单的按钮，可以进一步进行选择；我们还可以把常用的一些按钮添加到收藏夹中以方便使用；插入栏可以显示为菜单或是显示为制表符两种不同的外观。

3. 工具栏

"文档"工具栏中包含按钮，这些按钮使你可以在文档的不同视图间快速切换："代码"视图、"设计"视图、同时显示"代码"和"设计"视图的拆分视图。工具栏中还包含一些与查看文档、在本地和远程站点间传输文档有关的常用命令和选项。在这里，你还可以执行添加网页标题和在浏览器中预览网页等操作。

4. 状态栏

"文档"窗口底部的状态栏提供与你正创建的文档有关的其他信息，它的作用和含义如图 2-2 所示。

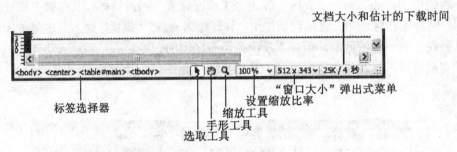

图 2-2　状态栏图标的含义

其中，"文档大小和估计的下载时间"可以很方便地了解网页文件的大小（包括链接的图像和其他多媒体信息），并能够预先计算出网页在一定连接速度下的下载时间。当然，你可以设置 Dreamweaver 的默认连接速度，选择菜单"编辑"＞"参数选择"，打开选择对话框，然后在"分类"列表中选择"状态栏"选项进行设置，可以根据目前的网络情况把连接速度适当提高，如 128Kb/秒；如网页仅用于局域网内部，还可以把连接速度设置得更高一些。还要注意的是，此时的连接速度仅作为计算网页下载时间的参考速度，与实际网页下载速度无关。

提示：有关下载的"8 秒钟规则"，即绝大多数浏览者不会等待 8 秒钟以上来完整下载一张网页。因此，设计网页时应尽量使预计的下载时间少于 8 秒钟（3~5 秒比较合适）。

5. 属性检查器

网页中的对象都有自身的属性，例如对文字可以设置字体、字号颜色等属性。属性检查器显示了被选取对象的各种属性，你可以随时进行修改。设置对象属性时，只要在相应属性选项中输入数值或者进行选择即可。默认情况下，"属性"检查器位于工作区的底部，但是如果需要的话，属性检查器和其他浮动的面板一样，你可以将它停靠在工作区的顶部，你还可以将它变为工作区中的浮动面板。

6. 文档窗口

文档窗口显示当前的文档的内容或内容代码，也就是你编辑网页文档的地方，在这里可以通过菜单命令、工具栏按钮、插入栏按钮、属性检查器以及面板组等工具来制作网页，网页文档在设计视图下的显示结果与浏览器中的显示结果基本相同。

7. 选项面板

选项面板可以随时以直观的方式获得特定功能，它们一般组合成面板组嵌入在界面的右边。例如，使用"文件"面板组中的"文件"面板可以管理当前站点下的所有文件，可以进行打开、移动、删除文件等操作；"CSS"面板组中的"CSS 样式"面板可以管理本站点中的所有 CSS 样式。面板组可以重新组合，也可以变为浮动面板停放在显示屏的任何地方。

2.1.2　建立本地站点

通常建立本地站点是制作网站的第一步，它不是制作站点中的某一张网页而是站点进行管理，是制作网站过程中十分重要的一个环节。站点可以看成一个文件夹，所有的网页、图片、声音等文件都存放在这个文件夹下以方便管理、移动或上传到 Internet 上。

例如：在我的电脑 D 盘根目录下新建文件夹 Web，并把以后创建的网页、网页的图片素材都放入该文件夹下面，这时我们可以认为 D:\Web 是一个本地站点。一般情况下，站点是放在开发人员的本地计算机上，制作完成后再发布站点，把网页上传到服务器上。

当然，站点文件也可以存放在其他地方，如"远程站点"可以通过 FTP、RDS、WebDAV 等连接方式把站点存放在远程服务器或其他的计算机中，这种方式通常应用于网站的测试、多人协作开发等方面。到底是使用本地站点还是远程站点取决于开发环境和实际需要。下面来学习在 Dreamweaver 下创建本地站点的具体步骤：

①选择[站点]->[新建站点]，出现"定义站点"对话框。

②可以使用"高级"选项进行站点的定义。

③设置本地信息，如图 2-3 所示。

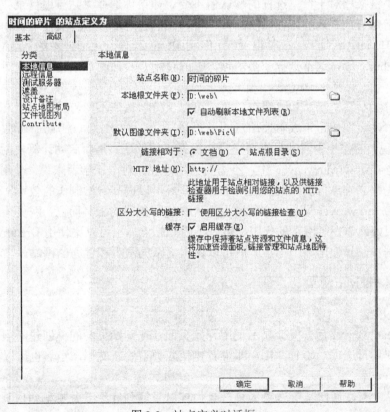

图 2-3　站点定义对话框

本地信息共有 8 个项目需要设置：定义"站点名称"、选择网站本地文件夹、确认是否"自动刷新文件列表"、选择"默认图像文件夹"、选择链接相对地址、选择"默认图像文件夹"路径、输入"HTTP 地址"、"区分大小写的链接"、确认是否"启用缓存"。

下面通过一个实例，定义一个"时间的碎片"站点来看一下具体的操作过程。

①在"站点名称"文本框中输入"时间的碎片"。站点名称只会显示在 Dreamweaver 的某些面板或对话框中，供区分其他站点时和选择此站点时使用，而不会显示在浏览器的任何地方，对站点的外观也没有任何的影响，它只是 Dreamweaver 中的一个站点的名称而已。所以，站点的名称可以是比较随意的名字。

②在"本地根文件夹"中输入"D:\web"或是单击右边的文件夹图标后进行选择此文件夹。

③选择"自动刷新本地文件列表"单选框。以便于每次将文件复制到本地站点时，Dreamweaver 会自动刷新文件面板中的本地文件列表，如果不选此选项也可以使用文件面板工具栏中的"刷新"按钮来手动刷新文件面板中的文件列表。在站点下的文件较多时，手动刷新有利于提高 Dreamweaver 的运行速度。

④在"默认图像文件夹"文本框中输入 D:\Web\Pic，同样可以点击文件夹图标以进行选择。顾名思义，默认图像文件夹是存放网站中的图像的专用文件夹，方便对图像进行管理。一般来说，图像文件夹是放在"本地根文件夹"（站点文件夹）下的一个文件夹，这样有利于站点图片的管理。这是一个非必选项，你可以什么都不输入，但我们不推荐这种做法。

⑤保持"链接相对于"单选框的默认值不变。如果你选择"站点根目录"选项，一定要在下一步中指定 HTTP 地址。在以后的章节中，我们会逐步的了解文件位置和路径的含义。

⑥在"HTTP 地址"文本框中，你可以输入你已经申请的网站的域名，如 http://zdf.blogbus.com，这不是一个必填项，它的使用是验证站点中使用的绝对地址链接是否正确。

⑦"区分大小写链接"和"缓存"两项可以保持默认值不变。

⑧单击"确定"按钮完成本地站点的设置。

一般来说，制作一个网站只需要建立一次站点就够了，重新启动计算机后，前面所新建的站点仍然存在于 Dreamweaver 中，不需要再次建立。对于初学者来说，使用 Dreamweaver 制作网页时先建立站点再制作网页是一个好习惯，可以提高网站制作的效率。

当然，Dreamweaver 只是一个帮助设计人员编写代码的工具而已，网页最根本的内容还是代码。若很好地掌握了网页的代码，可以不建立站点，也可以不使用 Dreamweaver 等可视化软件编辑网页，只使用一个记事本就可以做出复杂的网页和优秀的网站。

2.1.3 新建 HTML 网页

1. 新建文档

打开 Dreamweaver 后，就会显示使用开始页面，在开始页面的"创建新项目"选项区中选择某个新建项目选项，如 HTML，即可新建相应类型的新文档，当然也可以使用菜单来新建网页。

注意：从"新建新项目"选项区中，我们可以了解到有很多种类型的网页文档，HTML 是最基本的一种，初学者一般从 HTML 开始学习网页制作的，在本书中一起学习四种类型的文档：HTML、CSS、JavaScript 和 ASP VBScript。

2. 保存网页

新建网页后，先把网页保存在站点目录下，再进行后面的工作是非常有必要的，保存网页可以避免很多麻烦。

保存新建的 HTML 文件时，默认的文件名是 Untitled-1 等名称，但一般不使用默认的文件名而是自己定义文件名，如 temp，index，login 等有一定的含义的英文（或汉语拼音）名称。

默认的位置是在站点文件夹下面，当然也可以把网页保存在站点下面的其他文件夹中，一般不保存在站点文件夹外面。

提示：很多初学都不习惯自己定义网页的名称，而使用默认的 Untitled-1，Untitled-2……等，站点下的网页慢慢变多的时候，很难以通过名称判断网页的内容，这样大大降低了网站制作和维护的效率。

3. 预览网页

在制作过程中总想随时查看自己的网页在浏览器中显示结果，我们学习最常见的两种方式浏览正在制作的网页。

①在 Windows（或其他操作系统）中打开站点文件夹，找到已经保存过网页文件，双击文件就可以预览此网页。

②先保存网页，使用菜单[文件]→[在浏览器中预览]→[IExplore6.0]，或使用快捷键 F12 预览网页（推荐使用快捷键 F12）。

4. 打开网页

可以在文件面板中看到已经保存过的文件，双击该网页文件就可以打开相应的网页，也可以通过菜单打开网页，操作方法和其他常用的软件相似。

2.2　在网页中使用表格

在第 1 章中我们学习过表格的基本 HTML 代码，在这一章里，还要深入学习表格。这是因为表格是可以排版布局网页中的文本、图形等其他元素，是网页的"骨架"，在静态网页中有举足轻重的地位。掌握表格的创建、拆分合并，运用表格进行网页排版是网页制作的基本技能。

2.2.1　插入表格

在 Dreamweaver 中，有多种插入表格的方法，这里只学习在设计视图中使用菜单插入和编辑表格的方法。例如，要在 2-1.html 网页中插入类似于 1-7.htm 的表格，可以采用如下步骤：

①将鼠标光标置于文档中需要插入表格的位置。

②执行"插入"→"表格"菜单命令，弹出"表格"对话框，如图 2-4 所示。

③在对话框中输入如图 2-4 所示的表格参数，就可以得到类似于 1-7.htm 的表结构。

使用"代码"视图查看自动生成的 HTML 代码，会发现每一个单元格中都自动插入了一个占位符空格（ ），若在设计视图下在单元格内插入内容时，占位符会自动消失。

从插入表格可以看出，合理地使用 Dreamweaver 可视化操作自动生成代码比用记事本编写 HTML 代码要方便很多。在实际应用中，很多网页的外观都用 Dreamweaver 的可视化操作完成，使网页编写者省去很多重复简单劳动，大大提高网页制作的效率。

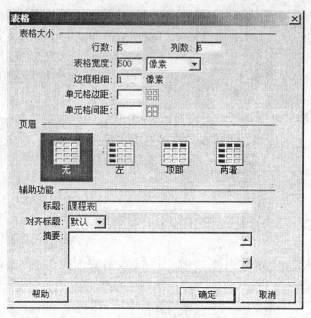

图 2-4　表格对话框

2.2.2　编辑表格

使用菜单等可视化方法插入的表格往往需要进一步编辑，使表格变得更美观，如在表格中插入文字、图片等内容。

1. 表格元素的选定

使用标签选择器可以方便地选定整个表格，也可以选定表格的单元格、行或其他元素。如选定第一行，可以把光标置于第一行的任一单元格内，然后点击状态栏的标签选择器中的 <tr> 标记。如图 2-5 所示。

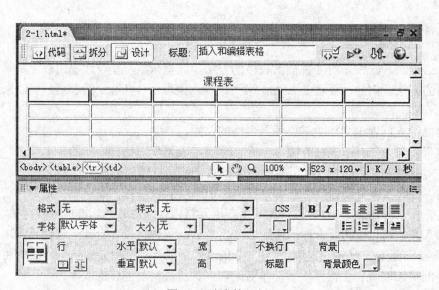

图 2-5　选中第一行

使用相同的方法可以选中表格、单元格、段落等，它是选择对象最方便快捷的方法。当然，还有其他的选择对象的方法，和 Word 软件非常相似。

2. 编辑表格

使用"属性"面板可以快捷地编辑表格的多个属性，如宽、高、背景色、字体等，如要把第一行的背景色改为绿色，可以在选中第一行后，在属性面板的"背景颜色"属性项中输入或选择某种颜色，如输入"#80ff80"，并按"回车"确定，这时第一行的背景色就改为绿色。

（1）表格的宽

要想随心所欲地控制表格，必须精确地控制表格的每一个元素，其中表格的宽是一个很重要的因素，对表格的外观有很大的影响。

如图 2-5 所示的课程表，在第一行第二、三个单元格输入内容"星期一""星期二"的内容后，发现表格单元格的宽度自动改变了，如图 2-6 所示。初学者往往用鼠标拖动表格的竖线以调整某一列的宽度，但不推荐用拖动的方法改变单元格的宽度。

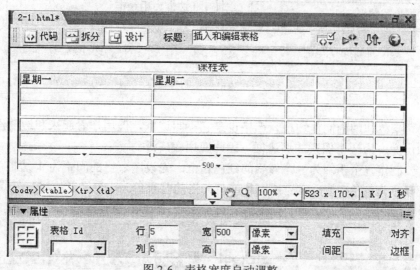

图 2-6　表格宽度自动调整

为什么会变形？是因为只定义了整个表格的宽度为 500 像素，而没有定义每一列的宽度，在每一列内容长度不同时，表格就自动调整了某些列的宽度。

要制作固定宽度的表格，通常有两种方法：

①定义所有列的宽度，但不定义整个表格的宽度，整个表格的实际宽度为：所有列的宽度和+边框宽度和+间距和+填充和，这时候，只要单元格内的内容不超过的单元格的宽度时，表格不会变形。

②定义整个表格的宽，如 500 像素、98%等，再留一列的宽度不定义，未定义的这一列的宽度为整个表格的宽度-已定义列的宽度和-边框宽度和-间距和-填充和，同样在插入内容时也不会变形。

在定义表格的宽度时，是该定义像素宽度还是百分比呢？我们应该区别两种宽度的差别：像素宽度是固定的，不随表格处的环境而变化，如定义一个宽度为 500 像素的表格，在窗口最大化时表格宽度是 500 像素，窗口缩小时表格还是 500 像素宽；如果把表格宽度定义为98%，窗口缩小时表格会按比率缩小。应根据需要灵活地确定表格宽度。

（2）格的边框

边框对表格的外观有很大的影响，制作边框有几种常用的方法：

①用表格的"边框"属性制作边框。定义表格的边框粗细和边框颜色，这样定义边框很容易制作和理解。但这种制作边框的方法是把整个表格加一个边框再把每一个单元框加上一个边框，因此有些难看且没有办法做1个像素宽的单线框。如图2-7所示。

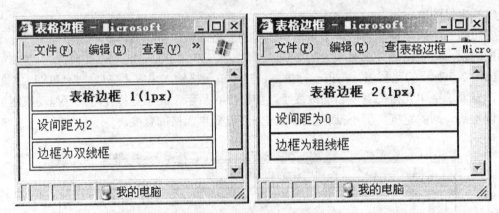

图2-7　边框属性制作边框

②使用背景色和间距制作边框。严格说来它不叫边框，但用户看起来和边框没有区别，且它可以做出宽度为一个像素的细边框，因此应用较广泛。

例如，要制作一个粗细为一个像素的红色边框：先设定表格的间距为1边框为0；再设定表格的背景色为红色；最后设定所有行或单元格的背景色为非红色（如浅灰色或白色）。如图2-8所示。

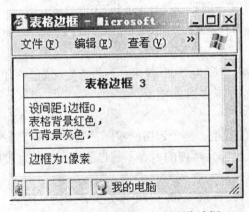
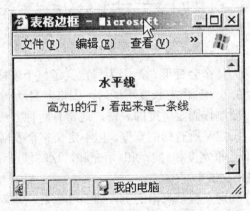

图2-8　背景色和间距制作边框　　　　图2-9　使用行制作线段

它的原理很简单：由于表格单元格间有1像素的间距，因此有1像素宽的表格红色的背景色没有被行或单元格的灰色背景色所覆盖，看起来就是1像素的红色边框。

③使用表格行或列制作边框。有时候需要水平或竖直的线段，可以使用表格的行或列来

制作。例如在表格中需要一条黑色的水平线段：先把某一行的行高设为 1；再把背景色设为黑色；最后在"代码"视图中去掉此行单元格中的" "占位符空格。线段如图 2-9 所示。

（3）拆分与合并单元格

可以选中要拆分的单元格，再使用属性面板左下角的"拆分"工具拆分单元格；同样可以选中一个以下的连续单元格，把它们合并起来。在表格结构十分复杂时，用一张表格通过拆分与合并单元格来制作是十分困难的，应通过表格的嵌套来实现。

表格还有对齐，背景图片等属性，插入删除行或列等，用属性面板来制作时十分直观简单，不再一一讲述。

注意：使用"属性"面板等可视化的方法编辑表格等对象时，Dreamweaver 会自动修改网页代码，但有些地方用可视化的方法根本没法实现或 Dreamweaver 产生一些多余的代码的时候，就必须使用"代码"视图手动修改代码，这样才能完全控制网页。

2.2.3 表格的嵌套

在一张较复杂的网页中，通常要在表格的单元格中再包含表格来进行排版定位，这就是表格的嵌套。

网页最终是要给用户浏览的，用户只能够看到有边框或色彩的表格，而对没有边框和背景色的表格来说，用户是感觉不到的，因此常用没有边框和背景色的表格把网页划分为若干块，再用表格对每一块进行划分，最后再插入内容。

我们以"动网论坛"首页的用户信息块来学习表格的嵌套。如图 2-10 所示。

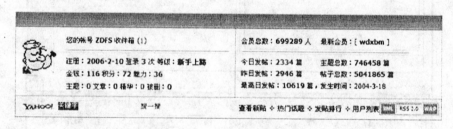

图 2-10　动网官方论坛用户信息块

（1）最外层是一个 3 行 2 列的表格 userInfo
①宽度为 98%，第一列的宽度为 50%，不设表格的高度；
②使用背景色和间距制作蓝色边框；
③合并第一行和第三行的两个单元格。
表格外观和详细属性如图 2-11 所示。
（2）在第 2 行第 2 列插入 5 行 2 列表格 left
①设表格宽度为 100%，即占满整个单元格；
②边框为 0，不设背景色；
③合并左边一列的 5 个单元格；

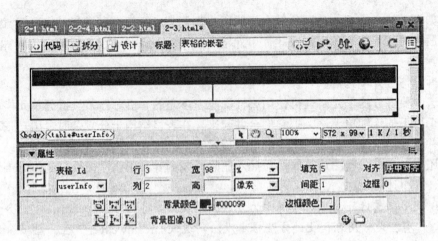

图 2-11   最外层的表格 userInfo

④设定第一列的宽度为 80 像素;
⑤把第右边二行的背景色设为蓝色,高度设为 1,去掉 " " 占位符空格。
表格外观和详细属性设置如图 2-12 所示。

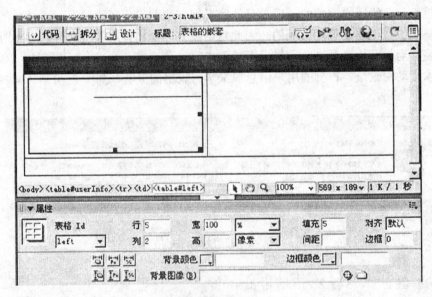

图 2-12   被嵌套的表格 left

(3) 在第 2 行第 2 列插入 5 行 2 列表格 right
①设表格宽度为 100%,即占满整个单元格;
②边框为 0,不设背景色;
③设定第一列的宽度为 50%;
④把第二行的背景色设为蓝色,高度设为 1,去掉 " " 占位符空格。
表格属性图略。
(4) 在第三行插入 1 行 2 列表格 bottom,并在表格内输入合适的文字这一步请自行完成。

注意：

①在表格嵌套的时候，通常不设外层表格的高度，它的高度由最里层的单元格高度和来决定，如上例中不设表格 userInfo 的高度，它的高度为：表格第一行的高度+left 表格单元格高度和+bottom 表格单元格高度 + 边框和其他高度。这里所说的单元格高度和是指在和同列的单元格。

②同样要注意表格的宽度设置，要认真思考再设定表格的宽度：是百分比还是固定像素？是设定外层单元格宽度还是设定里层表格的宽度？

2.3 插入图像、动画与媒体元素

图像和动画等是常见的网页元素，它具有美化网页和形象化传递信息等重要作用，一张没有图像动画或媒体元素的网页很难以吸引用户。

2.3.1 插入图像

网页中使用图像的常用格式有：JPEG，GIF，PNG 等，其中 GIF 图像具有文件较小、支持透明背景和画等特性，应用最为广泛，很多网页图形素材都使用 GIF 格式。

1. 插入图像

一般情况下，先把要插入的图像放到站点的图像文件夹内（如 Pic 文件夹中），然后在网页中插入表格对网页内容进行安排，确保网页已经保存在站点文件夹中，最后再把图像插入到表格的单元格内。

使用菜单插入图像：

①将光标置于需要插入图像的位置。

②执行[插入]→[图像]菜单命令，弹出"选择图像源文件"对话框，在此对话框中选择合适的图像，单击"确定"按钮即可。

注意：为保证图像能正常显示，应在插入图像前做两件事：一是把图放入站点目录的图像文件夹内；二是把网页保存在站点文件夹下。

2. 修改图像属性

选中要修改的图像，可以通过"属性"面板来修改图像的属性，如在 2.2.3 节中 left 表格左边单元格中插入图像后，选中图像属性面板如图 2-13 所示。

①可以通过改变图像的宽、高属性以改变图像的大小，改变源文件以改变图像。

②"替换"的意义为：当图浏览网页时把鼠标放在图像上会显示文字提示"我的头像"，当图像不能正常显示时，显示一个红×的同时，把"我的头像"显示在红×的边上。

③"链接"的意义为：点击图像时，可以打开新网页或其他文件，在第 1 章学习过超链接的含义。

当链接的文件浏览器能打开（如 GIF 图像，HTML 网页等）时，用浏览器打开此文件；当链接的文件浏览器不能打开（如压缩文件 RAR 等）时，则弹出下载对话框，用户可以下载文件。

④其他不常用的一些属性请自行分析。

高等院校计算机系列教材

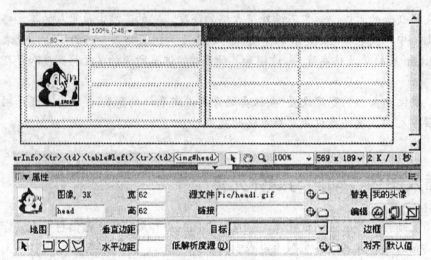

图 2-13　图像的属性

2.3.2　插入动画和其他媒体元素

1. 插入动画

常见的动画有 GIF 和 SWF（Flash 动画）两种形式，插入 GIF 动画的方法和插入一张普通的图片相同，插入 SWF 动画的方法为：

①先将插入光标置于页面中需要插入 SWF 文件的位置。

②执行[插入]→［媒体］→[Flash] 菜单命令，在弹出的"选择文件"对话框中，选择要插入的 SWF 文件后单击"确定"。

2. 插入声音

在网页中使用声音的方法通常有两种，一是将声音作为网页的背景音乐，二是直接将声音文件嵌入到网页中。

（1）将声音作为背景音乐

①将音乐文件放到站点文件夹下面。

②在网页的 head 部分使用标记符 bgsound，例如：<bgsound src="tunes/beethoven.mid" loop="1">。

（2）直接将声音文件嵌入到网页中

①将音乐文件放到站点文件夹下面。

②将光标置于页面中需要插入音乐文件的位置。

③执行[插入]→［媒体］→[插件]菜单命令，在[选择文件]对话框中选中要插入的声音文件，并加以确定。

④可以使用属性面板对插件的一些属性进行设置。

注意：用此种方式不但可以插入声音文件，还可以插入 SWF 动画或其他的视频文件，用户浏览网页时会自动调用本地媒体播放软件进行播放。

2.4 使用表单

表单是用于实现网页浏览者与服务器之间信息交互的一种页面元素，在 WWW 上它被广泛地用于各种信息搜集和反馈。如图 2-14 所示。

图 2-14 典型的登录表单

用户在填写某些信息后再点登录按钮，则用户填写的内容将被传送到服务器，由服务器进行具体的处理，然后进行下一步操作，后面的 ASP 部分将学习处理数据的方法。

2.4.1 插入表单和表单对象

使用菜单[插入]→[表单]，会弹出十几种表单和表单对象，如图 2-15 所示，选择其中一个就可以在网页中插入表单或表单对象。

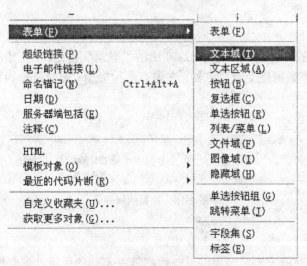

图 2-15 多种类型的表单元素

每一种类型的表单对象有不同的作用，下面对表单和表单对象作一个简要的介绍。

1. 表单

表单对象的种类很多，如按钮、密码框等，而表单是作为表单对象的容器，它的功能是：把众多的表单元素集中在一起并把表单内数据提交到服务器。例如，要制作一个类似于图2-14所示的用户登录界面，就必须先插入表单再插入表单对象。表单属性中，有"动作"属性非常重要，如选择为reg.asp，则提交表单数据时，网会重新定向到reg.asp，当然reg.asp可以接收表单内的数据。如图2-16所示。

图2-16　表单属性

表单中可以包含表格，也可以包含表单，很多时候是把表格和表单结合起来使用，做出漂亮的注册/登录等网页。

2. 文本域

文本域用于让用户输入文字信息，如用户名、E-mail地址、用户密码等。根据不同的需要，文本域可以分为单行、多行和密码三种。如图2-14中输入用户名的表单对象是单行文本域，输入密码的表单对象是密码文本域。可以通过属性面板修改文本域的类型和其他属性，如图2-17所示。

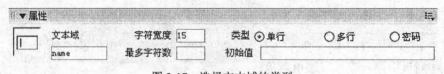

图2-17　选择文本域的类型

3. 按钮

按钮的作用是确定提交表单，如图2-14中的"登录"按钮，用户信息全部填写完成后，点击"登录"按钮将把数据提交给服务器。它也有两种类型：提交表单和重设表单，如图2-18所示。

图2-18　按钮的属性

4. 其他表单对象

还有文件域、单选框等表单对象，每一种都具有不同的作用，但它们的使用方法相差无几，可作为自学内容。

2.4.2　表单应用示例

下面制作一个类似于图 2-14 所示的登录页，学习表单、表格、表单对象的使用方法。

（1）制作图片

制作四张如图 2-19 所示的 gif 图片，复制到站点图像文件夹中，为制作登录页做好准备。

login_main.gif

图 2-19　登录页素材准备

（2）新建三张 HTML 网页

分别保存为：

①login.html 用户填写登录信息页；

②result.html 登录结果页，提示登录成功或失败；

③index.html 登录成功后进入的网站主页面。

三张网页的关系如图 2-20 所示。

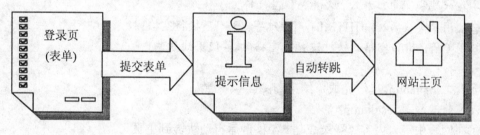

图 2-20　三张网页的关系

（3）插入 3 行 1 列的表格 1

①表格边框、间距、填充都设为 0，未设定表格宽度。

②设定表格第 3 行背景色为蓝色，高度为 2 像素，去掉单元格中的 " " 占位符，这一行就成了一条水平线段。

③在第一行插入图片 login_main.gif。

（4）第 2 步的表格中的第二行插入 1 行 3 列的表格 2

①表格宽为 100%，表格边框、间距、填充都设为 0。

②设定表格第 1 列和第 3 列背景色为蓝色，宽为 2 像素，去掉单元格中的占位符 " "，这两列成了两个竖直的线段。

这里使用了单元格制作线段，结果如图 2-21 所示。

高等院校计算机系列教材

图 2-21　使用单元格制作线段

（5）插入表单

①在表格 2 的第 2 列插入表单，并设置表单的动作属性值为：result.html。

②在表单中插入 4 行 1 列表格 3，设置表格宽度 300 像素，居中对齐，边框和间距 0，填充 5，第 3 行和第 4 行居中对齐。

③在第 1 行和第 2 行插入文本域，第 2 行文本域的类型为"密码"。

④第 3 行插入复选框和按钮，切换到"代码"视图修改按钮的代码为：

<input　type="image" src="Pic/login_button.gif" name="Submit" value="提交"/>。

⑤在第 4 行插入两个按钮，和上一步类似地修改代码。

⑥补上合适的文字和空格。

提示：直接使用空格插入不能连续插入多个空格，可以使用下列方法：

①在代码视图中，加入" "占位符。

②使用菜单 [插入]→[HTML]→[特殊字符]→[不换行空格]。

③用 Ctrl+Shift+空格的快捷键插入空格(推荐使用此方法)。

到此，login.html 已经完成，结果和图 2-14 一致。

（6）修改网页 result.html

①在网页中写入内容"登录成功！5 秒钟后自动跳转到主页"。

②在 head 部分写入以下代码：

<meta http-equiv="refresh" content="5; url=index.html">

meta 标记符的一个常用功能是设置自动跳转功能，即使浏览器从一个地址跳转到另一个地址，其中 content 属性后的第一个数值是表示延迟的秒数，第二个数值是表示跳转的新地址。

（7）在主页 index.html 中写入合适的内容

在这三张网页中，login.html 是我们最新学习的表单网页，也是最重要的一张网页。这几张网页只是实现了登录的外观与自动跳转，但没有真正检查用户名和密码是否正确，到第 8 章再来学习登录检查用户名和密码的方法。

2.5　插入超链接

在第 1 章中学习过超链接的 HTML 代码，这一节我们学习使用 Dreamweaver 可视化的方式创建超链接。

（1）创建页面链接

①选中要创建链接的文本或图片。

②在属性面板中的"链接"框中输入目标文件的 URL，或单击"浏览文件"按钮，在站点中选择一个文件作为超链接的目标文件。

③在"目标"属性下拉列表中，选择"_blank"表示在新窗口中打开链接，选择"_self"表示在当前窗口中打开链接。

（2）锚点链接

①把光标定位到要插入锚点的区域。

②使用菜单[插入] ->[命名锚记]，在命名锚记对话框中输入锚点的名称，如"N01"。

③将光标定位到文档窗口中要跳转到定义锚记的区域，选中文本或图像。

④在"属性检查器"中的"链接"框中输入"#"和命名锚记的名称，如"#NO1"。

（3）电子邮件链接

①选中要创建电子邮件链接的文本或图片。

②在属性检查器的"链接"文本框中输入 <u>mailto:电子邮件地址</u>。

（4）使用图像映射

所谓图像映射就是指在一幅图中定义若干个区域（这些区域被称为热点），每个区域中指定一个不同的超链接，当点击不同区域时便可以转跳到相应的目标页面。

图像映射在网页上应用非常广泛，最常见的用法包括电子地图、页面导航等。

例如，下面的图片中有 5 个小图标，在每一个小图标上加上不同的超链接，使用 Dreamweaver 的操作方法如下：

①把图片插入到合适的位置。

②选中图片，在属性面板的左下角三个形状小图标（矩形、圆和多边形），点击其中的一个图标，在图片合适的地方拖动（多边形是在图像上点击鼠标以产生多边形的顶点）以产生矩形或圆，我们可以清楚地看到在图书片上有半透明的热点区域，如图 2-22 所示。

图 2-22   在图像上绘制热点

③选中热点区域，在属性面板中修改热点的超链接，如图 2-23 所示。

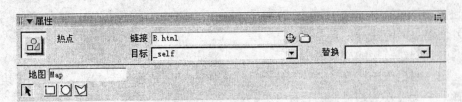

图 2-23　使用属性面板修改热点的链接

切换到"代码视图"，可以看到图像映射的 HTML 代码，我们可以清楚地看到，图像映射使用<map></map>标记符包，在此标记符中再使用<area>标记符指定热点的属性。一般情况下，使用 Dreamweaver 等可视化的软件指定热点，而很少手工编写热点的代码。图 2-20 网页的代码如下，请读者留意<map></map>标记符中的内容和<img>标记符的 usemap 属性值。

---清单 2-1　　2-5.html---

```
<html>
<head>
    <title>使用图像映射</title>
</head>
<body>
    <img src="Pic/worldCup.jpg" border="0" usemap="#Map">
    <map name="Map">
      <area shape="rect" coords="2,23,56,77" href="A.html">
      <area      shape="poly"      coords="189,47,164,68,134,43,158,28"      href="B.html"
target="_self">
      <area shape="circle" coords="297,51,28" href="C.html">
    </map>
</body>
</html>
```

2.6　CSS 技术

CSS（Cascading Sytle Sheet，层叠样式表）技术是一种格式化网页的标准方式，它扩展了 HTML 的功能，使网页设计者能以更有效的方式设置网页格式外观。

举一个应用 CSS 的例子：某网站有 1000 张网页，每一张网页有 10 个地方应用了红色的粗体字。

如果用第 1 章学习的 HTML 技术来格式化文字就需要在这 10000 个地方插入标记符"<font color=#ff000>文字</font>"；若是想把红色的文字改成黑色的文字，又要修改这 10000 个地方，显然这样的开发和维护的效率十分低下。

如果使用 CSS 技术：先把"红色粗体字"这个文字样式用一段 CSS 代码来表示，应用此字体的地方调用这段代码就可以了，若把这 10000 个地方的红色文字变为黑色文字，只需要修改一下特定的 CSS 代码，应用代码的文字的样式会自动更新。显然，在开发网站时，使用 CSS 可以大大提高制作和维护效率。

2.6.1　自定义 CSS 样式

CSS 有多种类型，我们从最简单常用的用户自定义样式（有的地方叫此种 CSS 样式为"通用类"或"类"）开始。

1. 手写代码定义、应用样式

```
-------------------------------清单 2-2    2-6.html-------------------------------
<html>
<head>
    <title>自定义样式</title>
    <style>
      .whiteBlod
      {color:#FFFFFF;
      font-weight: bold;}
    </style>
</head>
<body>
  <table border="0" cellpadding="5" bgcolor="#000000">
    <tr><td class="whiteBlod">应用白色样式</td></tr>
  </table>
</body>
</html>
```

这里，我们自定义并应用了一个名称为".whiteBlod"的 CSS 样式。一般情况下，自定义样式的 CSS 代码放在<head>部分的<style></style>标记符内，".whiteBlod"是样式名，自定义样式名一般以"."开头，样式的内容放在"{ }"，内，color 和 font-weight 是样式属性，#FFFFFF 和 blod 是属性取值，应用样式时用 Class="样式名"来指定。

2. 使用 CSS 样式面板定义自定义样式

样式的属性名和属性值取值非常繁多，属性包括以下类别：字体与文本属性、颜色与背景属性、布局属性、定位和显示属性、列表及鼠标属性，属性名和取值均不相同，幸好有 Dreamweaver 的可视化的制作面板来完成样式的定义、删除、修改和使用。

使用菜单[窗口]→[CSS 样式]命令，可打开 CSS 样式面板，如图 2-24 所示。

可采用以下几步来定义、使用、修改和删除一个名为".redBlod"的 CSS 样式：

①单击"新建 CSS 规则"按钮 ，弹出"新建 CSS 规则"对话框"新建 CSS 规则"，输入名称".redBlod"，其他设置如图 2-25 所示，点击"确定"。

高等院校计算机系列教材

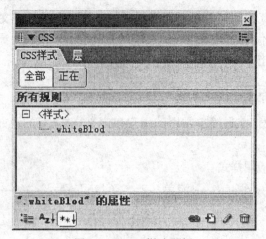

图 2-24　CSS 样式面板

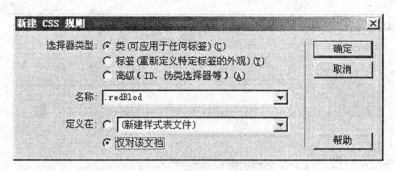

图 2-25　在本网页内定义新 CSS

②在弹出的 ".redBlod 的 CSS 规则定义" 对话框中进行如图 2-26 所示的设置，点击"确定"完成 CSS 的定义。

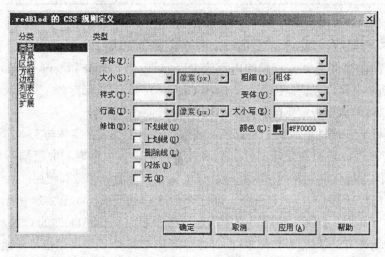

图 2-26　定义 CSS 规则

在".redBlod 的 CSS 规则定义"对话框中，可以选择"分类"，再选择"类型"设置，定义 CSS 的复杂的代码编写工作变成了简单的鼠标点击就完成了，熟练地使用 Dreamweaver 可以成倍地提高网页制作的效率。切换到"代码"视图，发现自动产生的代码和手工编写的代码相差无几。

③应用 CSS 样式：CSS 样式可以应用到 HTML 标记符中，如<table>、<td>、<span>等。在状态栏的标签选择器中选中标记符，在"属性"面板中的"样式"下拉列表中选中要应用的样式。如图 2-27 所示。

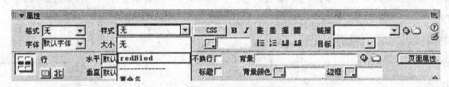

图 2-27　应用 CSS 样式

④再回到查看"CSS 样式"面板，发现样式列表中已经有了刚刚定义的".redBlod"样式，选中此样式，点击面板下面的 按钮，再次弹出如图 2-24 所示的对话框，可以修改 CSS 样式。

⑤在"CSS 样式"中选中某 CSS 样式，再点击面板下面的 按钮，可方便地删除此 CSS 样式。

3. 使用 CSS 样式定义表格边框

在本章第 2 节中，我们学习了制作表格边框的 3 种基本方法，这里学习制作表格边框的第 4 种方法：使用 CSS 样式定义表格边框。

在如图 2-14 所示的登录页中，为了制作一个"U"字形的边框，我们使用了 3 个单元格制作 3 线段而成，学习了 CSS 后，只需要定义并应用一个".tabBorderU"的 CSS 样式就可以了，样式规则定义如图 2-28 所示。

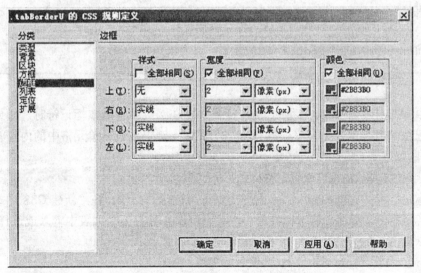

图 2-28　使用定义"U"形边框

CSS 功能强大，属性和属性取值非常繁多，推荐使用 Dreamweaver 的样式规则定义对话框来定义 CSS，反过来可以学习相应的 CSS 代码。在本节中不可能全部学习，大部分规则需要自己来学习。

2.6.2　用 CSS 重新定义特定 HTML 标记符的外观

可以使用 CSS 重新定义特定 HTML 标记符的外观，此时的做法是使用 HTML 标记符作为 CSS 样式的名称，在作用该标记符里会自动应用定义的 CSS 样式。

例如，要把网页中所有的单元格内的文字以蓝色 12 像素宋体字来显示，可以定义一个名称为"td"的 CSS 样式。

1.　手写代码定义、应用标记符样式

--清单 2-3　　2-9.html--

```
<html>
<head>
    <title>重新定义特定 HTML 标记符</title>
  <style type="text/css">
    td {
      font-family: "宋体";
      font-size: 12px;
      color: #0000FF;}
  </style>
</head>
<body>
  <table width="200" border="0" cellspacing="0" cellpadding="5">
   <tr><td>重新定义特定 HTML 标记符</td> </tr>
   <tr> <td>有变化了吗?</td> </tr>
  </table>
</body>
</html>
```

定义以 HTML 标记符为名称的 CSS 样式，当在网页中使用该标记符时，如果没有特定说明，标记符的内容就会按定义的样式来显示。如上例中，表格单元格中的内容就显示为蓝色 12 像素的宋体字。

2.　使用 CSS 样式面板定义标记符样式

对于标记符样式，Dreamweaver 同样提供了可视化的操作。在"新建 CSS 样式"对话框中，选择"标签（重新定义特定标签的外观）"，可以在标签下拉列表中输入或选择 HTML 标签的名称，如图 2-29 所示。

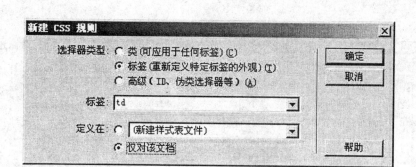

图 2-29　定义标记符 CSS 样式

在弹出的"CSS 规则定义"对话框中，进行和图 2-26 类似的设置，点击"确定"完成新标记符 CSS 样式的定义。

3. 利用标记符样式定义整个网页的字体

用户在浏览网页时，可以选择网页字体的大小。例如 Internet Explorer 的用户，可使用菜单[查看]→[文字大小]→[最大|较大|中|较小|最小]来选择网页中文字的大小，这个功能有时候会带来负面的影响，即破坏网页的外观。在上节制作好的 login.html 网页中，选择[较大]字体时网页的外观如图 2-30 所示。

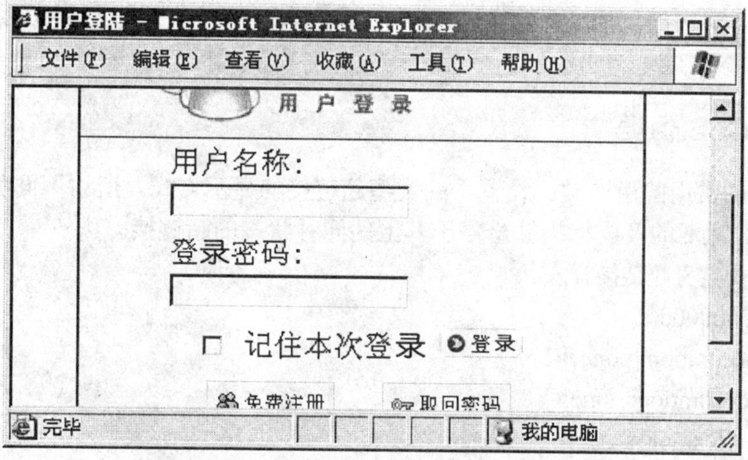

图 2-30　用户改变网页字体大小时表格变形

要使字体固定，可以使用 CSS 样式定义<body>、<td>标记符的样式，网页的文字大小不会随用户又改变而改变了。如定义以下样式：

```
body,td,th {
    font-family: 宋体;
    color: #000000;
    font-size: 14px;
}
```

也可以使用菜单[修改]→[页面属性]，在"页面属性"对话框中进行设置，会自动产生类似于上面的代码，通常的设置如图 2-31 所示。

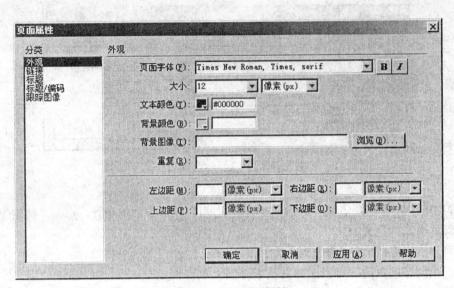

图 2-31　设置页面属性

提示：在很多大型网站（如搜狐、163）中，网页的字体是固定的；而另一些网站（如天涯、色影无忌）允许用户改变网页字体大小。当网页的内容较多、排版较复杂且很注重网页外观的情况下可使用 CSS 固定字体大小。

2.6.3　定义 CSS 伪类

定义伪类的常用的用途是：设置不同类型超链接的显示方式。所谓不同类型的超链接，是指访问过的、激活的及鼠标指针悬停于其上的四种状态的超链接。

1. 使用伪类定义超链接样式

a:link {　　color: #000000;
　　　　　text-decoration: none;}
a:visited { text-decoration: none;
　　　　　color: #666666;}
a:hover {text-decoration: none;}
a:active {text-decoration: none;
　　　　　color: #0000FF;}

这一段 CSS 伪类修改了超链接外观：a:link 定义没有访问过的链接的外观；a:visited 定义已被访问过的链接的外观；a:hover 定义当鼠标指针移动到超链接之上时的外观；a:active 定义超链接被选中时超链接的外观。

把这一段 CSS 伪类加到第 1 章的 1-6.htm 的 head 部分的<style></style>标记符内，网页的连接色彩发生了改变，按照 CSS 伪类的规则来显示如图 2-32 所示。

2. 使用样式面板定义伪类

同样可以使用 CSS 样式面板来定义伪类，在"新建 CSS 样式"对话框中，选择"高级（ID、伪类选择器等）"，图略。

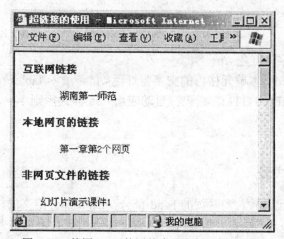

图 2-32　使用 CSS 使用伪类改变超链接的外观

对于用伪类定义超链接外观，也可以使用菜单[修改]→[页面属性]，在"页面属性"对话框中进行设置，与手写代码或使用样式面板有相同的作用。如图 2-33 所示。

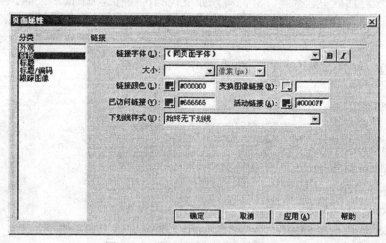

图 2-33　设置页面属性的链接外观

2.6.4　特定 ID 标记符样式

当设计者想在整个网页上多处以相同的样式显示时，除了使用以 "." 开头的用户自定义样式外，还可以使用 "#" 开头定义特定 ID 标记符的样式。例如定义一个名称为 "#red" 的样式，标记符 ID 为 red 时，标记符应用样式 "#red" 定义的规则：

```
<html>
<head>
   <title>特定 ID 标记符样式</title>
   <style>
     #red{color:red;}   /* 说明：定义以#开头的样式#red*/
   </style>
```

```
</head>
<body>
    <p id="red">本行文字为红色</p>
    <table><tr><td id="red">本单元格内的文字为红色</td></tr></table>
    <!--说明：以 red 为 ID 的 HTML 标记符自动应用#red 样式规则 -->
</body>
</html>
```

2.6.5 链接外部样式表

把一段 CSS 样式代码插入到网页的 head 部分，head 部分定义的样式只能在当前网页中使用。而通常情况下，一个样式表需要应用到整个站点的所有网页中去，可以把 CSS 样式放入一个单独的文件中（*.css），在其他网页要使用此文件中的样式时，把此样式表文件的地址附加给这些网页就可以了。

1. 新建 CSS 样式表文件

例如，使用 Dreamweaver 新建一个样式表文件 mainCss.css，使用菜单[文件]→[新建]，在"新建文件"对话框中选择"CSS"，写入如下代码再保存为 mainCss.css。

------------------------------------清单 2-4 mainCss.css------------------------------------

```
body,td,th
    {   font-family: Times New Roman, Times, serif;
        font-size: 14px;
        color: #000000;}


a:link {color: #000000;
           text-decoration: none;}
a:visited { text-decoration: none;
             color: #666666;}
a:hover {text-decoration: none;}
a:active {text-decoration: none;
           color: #0000FF;}
```

提示：CSS 样式表文件同样可以使用记事本等文字编辑工具进行编写，在保存的时候输入文件全名（如 abc.css）就可以了。

2. 链接外部样式表文件

在本站点内的 CSS 文件中定义的所有的 CSS 样式，可以应用到本站点的所有网页中去。一般的方法是在 head 部分附加样式表的地址和名称，如：

```
<link href="mainCss.css" rel="stylesheet" type="text/css">
```

也可以使用"CSS 样式"面板来链接外部 CSS 样式，在如图 2-20 所示的"CSS 样式"面板中点击按钮，在弹出的链接外部样式表对话框中选择外部 CSS 文件，如图 2-34 所示。

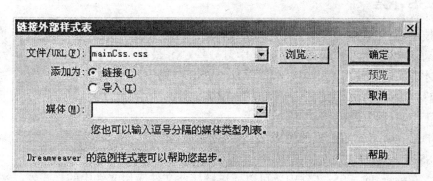

图 2-34   链接外部样式表

链接成功后，可以在网页中使用 mainCss.css 中定义的所有样式，甚至可以用"CSS 样式"面板来管理 mainCss.css 中的样式。在修改了一个 CSS 样式时，应用该样式的网页都会发生变化。在本网页中定义新的 CSS 样式时，可以把新的 CSS 新式添加到链接的外部样式表文件中，在"新建 CSS 规则"对话框中选择定义在某样式表文件中。如图 2-35 所示。

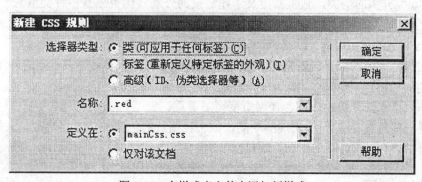

图 2-35   在样式表文件中添加新样式

应用 CSS 样式表文件，使设计者定义整个网站的色彩格调变得很容易。在本章中没有学习用属性面板修改文字的字体、大小和颜色，是因为不推荐用属性面板来定义文字的外观，而是先定义几个样式表，然后应用到文字上去，这样做的效率更高，色彩的搭配更容易。

注意：在站点中有相同作用的文字、表格、层等最好使用同一个 CSS 样式，切忌色彩太过繁杂，可以参照一些较有名气的站点学习网页的布局和色彩的搭配。

2.6.6   在标记符中直接嵌套样式信息

一些用得较少甚至在整个站点中只使用一次的样式，一般把它放置在使用此样式的 HTML 标记符内。使用标记符的 style 属性嵌套样式信息，如：

`<td style="cursor:help; font-size:14px; ">HELP? </td>`

引号中间的样式规则直接应用于当前的单元格中，也只能应用于当前的单元格中。

2.6.7 CSS 小结

CSS 技术是对 HTML 的一个补充和扩展，是学习网页必须掌握的技术之一。CSS 样式规则非常繁杂，应用非常灵活，而本节只是学习一些 CSS 最基本的知识。必须多参考、多思考、多练习，才能熟练地使用 CSS。对本节学习的 CSS 样式作如下总结：

1. 编写 CSS 的方法

①手工编写代码。

②用 Dreamweaver 等工具的生成。

2. CSS 代码的位置

①放置在*.css 的 CSS 文件中，可以通过链接此文件应用文件中的样式表，站点中的所有网页都可以使用其中定义的样式。

②用<style></style>定义在网页文件的 head 部分，只有本网页可以使用其中的样式。

③用 style 属性直接嵌套在 HTML 标记符中，样式只能应用于此标记符。

3. CSS 样式的类型

①以 "." 开头的样式，最普通的一种 CSS 样式。

②以特定 HTML 标记符为名称的样式，它重新定义了 HTML 标记符的外观。

③以 "a:" 开头的伪类，它重新定义了超链接的外观（伪类还有多种类型）。

④以 "#" 开头的特定 ID 标记符样式。

4. CSS 样式的常用用途

①格式化网页中的文字、表格等，使有相同使用的文字、表格等有相同的外观，整个站点形成一定的风格。

②制作表格、图片等的边框，使网页变得更美观。

③实现一些用 HTML 无法实现的功能，如去掉图片的色彩、使表格隐藏起来等。

④结合 HTML、JavaScript 实现 DHTML（将在第 5 章学习）。

2.7 层的使用

层的 HTML 标记符是<div></div>，它定义了一个矩形区域。与表格相比，层的最大特点是：层可以叠加，一个层的上边或下边可以再放另一个层。一般用 CSS 对层进行精确定位，CSS 和层可以实现表格的功能。一些站点使用层来代替表格进行排版，例如动网论坛 V7.0 开始全面使用层。

2.7.1 使用 CSS 定位层

使用层时，一般先定义以层 ID 为名称，"#" 开头的特定 ID 标记符样式，例如下面的代码定义了两个层，这两个层有重叠部分。

---清单 2-5   2-12.html---

```
<html>
<head>
  <title>定义层</title>
  <style type="text/css">
```

```
    .white{color:#ffffff;}
  #layA {
    /*层的位置坐标,以层的左上角为参考点*/
     position:absolute;left:47px;top:1px;
     /*层的大小*/
     width:114px;height:121px;
     /*层的次序,越大表示上层,小表示底层*/
     z-index:1;
     /*层的背景色*/
     background-color: #000000;
        }
  #layB {
     position:absolute;
     left:100px;   top:37px;
     width:156px;height:115px;
     z-index:2;
     background-color: #999999;
    }
  </style>
</head>
<body>
    <div class="white" id="layA">下面的层 A</div>
    <div id="layB">上面的层 B</div>
</body>
</html>
```

显示结果如图 2-36 所示。

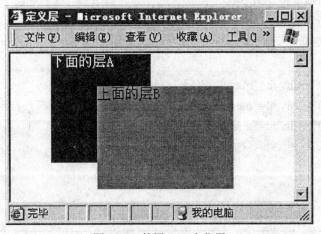

图 2-36　使用 CSS 定位层

高等院校计算机系列教材

2.7.2 表格和层的相互嵌套

在层中可嵌套层、表格、表单等，表格中也可以嵌套层、表格，要把表格和层灵活地用到网页中去。对于初学者来说，可以以表格为主，以层为辅。

由于层可以叠加在其他对象（如表格、层等）的上面或下面，因此在制作菜单等需要重叠时可以使用层。当 ID 标记符样式中没有定义层的位置的时候，层会显示在放置<div></div>标记符的地方，如下面的代码定义了三个菜单的外观。

--清单 2-6　2-13.html--

```html
<html>
<head>
    <title>层和表格</title>
    <style>
    #menu{/*注意:没有位置信息*/
        position:absolute;
        width:80;height:100;
        z-index:2;
        background-color: #dddddd;
    }
    .border{
        border: 1px solid #666666;
    }

    </style>
</head>
<body>
    <table border="1" cellpadding="5" cellspacing="0" bordercolor="#000000">
      <tr>
      <td width="100">菜单 1</td>
      <td width="100">菜单 2</td>
      <td width="100">菜单 3</td>
    </tr>
    <tr >
      <td width="100"><div id="menu">内容 1</div></td>
      <td width="100"><div id="menu">内容 2</div></td>
      <td width="100"><div id="menu">内容 3</div></td>
    </tr>
    </table>
</body>
</html>
```

这里插入了一个 2 行 3 列的表格，在第 1 行中放置菜单标题，在第 2 行中放置层，这里的层没有定义坐标位置，它放置在表格中，当表格移动时，表格里的层会跟着表格移动。如图 2-37 所示。

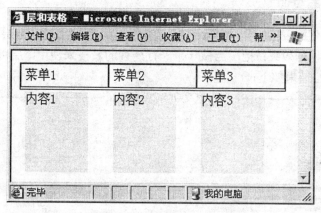

图 2-37　在单元格中嵌套层

读者可以修改代码：在层中插入表格，表格内插入菜单内容；修改样式".boder"和"#menu"使菜单变得更漂亮。

2.7.3　使用菜单插入层

Dreamweaver 为网页开发者提供了一套插入与管理层的可视化工具，即使对代码一无所知的网页制作者也可以很轻松地使用层。把光标放在要插入层的位置，使用菜单[插入]→[布局对象]→[层]，然后拖动新插入的层到合适的位置就可以了。Dreamweaver 自动在 head 部分插入 CSS 样式表，当然可以使用 CSS 面板管理这些样式表。

可以使用菜单[窗口]→[层]命令打开"层面板"以更好地管理层，使用"属性"面板修改层的属性。如图 2-38 所示。

图 2-38　使用层面板管理层

注意：使用 Dreamweaver 的可视化操作控制层很方便，但有时候无法实现自己想要的效果，这时就需要手工修改 CSS 样式代码和 HTML 代码。

2.7.4 使用层布局页面

在第 2 节中，使用表格制作了一个"用户信息块"，当熟练地掌握层和 CSS 后，可以使用层和 CSS 实现相同的效果：把层当做一个一行一列的表格来使用，层可以嵌套层，用 CSS 控制层。代码和运行结果如下：

---清单 2-7   2-14.html---

```
<html>
<head>
  <title>div</title>
  <style>
    body,div
    {color:#000000; font:"Times New Roman", Times, serif; font-size:12px;}
    #userInfo{
     width: 98%;
      line-height: 25px;
      border: 1px solid #000099; }
    #left {
      float: left;
      width: 50%;
      background-color:#ffffff;}
    #right{
      float:right;
      width:50%;
      background-color:#ffffff;}
    #down{
      height:30px;
      float:left;
      width:100%;}
    #divTd{
      width:90%;
      padding-top: 2px;
      padding-right: 5px;
      padding-bottom: 3px;
      padding-left: 10px;}
      .borderTop{border-top: #000099 1px solid;}
    input{    border: 1px solid #666666;background-color:#ffffff; height:22px; }
  </style>
```

```
</head>
<body>
  <div id="userInfo">
    <div id="top" style="height:25px; background-color:#000099"></div>
    <div id="left" style="BORDER-RIGHT: #000099 1px solid; ">
      <div id="divTd">您的账号　ZDFS</div>
      <div id="divTd"    class="borderTop">注册：</div>
      <div id="divTd">金钱：124 </div>
      <div id="divTd">主题：0 </div>
    </div>
    <div   id="right">
      <div id="divTd">会员总数：7004 人 </div>
      <div id="divTd"   class="borderTop">今日发帖：1419  篇</div>
      <div id="divTd">昨日发帖：18 篇 </div>
      <div id="divTd">最高日发帖：106  篇</div>
    </div>
    <form name="form1" method="post" action="">
      <div id="down" class="borderTop">Yahoo!....
      <input name="textfield" type="text" size="15"> 
      <input type="button" value="搜一搜">
      </div>
    </form>
  </div>
</body>
</html>
```

显示结果如图 2-39 所示。

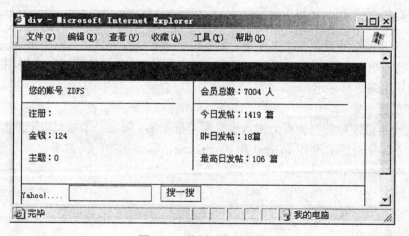

图 2-39　使用层代替表格

在这个网页中，使用的 CSS 比较复杂，其中以"#"开头的样式表最多，它是用来定义层的。有些样式表放置在 head 部分，而另外一些直接放置在标记符的内部。请读者仔细分析清单 2-7 的源代码。

提示：当使用的 CSS 比较复杂时，用手工编写 HTML 和 CSS 代码比使用 Dreamweaver 自动生成代码更快，效率更高，因此一般以手工编写代码为主。

2.8　创建框架

2.8.1　什么是框架

使用框架，是为了把浏览器窗口分成多个区域，每一个区域装载不同的网页，从而获得一张网页无法实现的效果。框架就是浏览器窗口中的一个区域，框架集是定义一组框架的布局和属性的一个特殊网页。

最常见的框架结构是 Web 型联机系统（其本质也就是网页），它们通常采用一种目录式的结构，左边是帮助主题，右边是帮助内容；当单击左边的超链接时，相应的内容显示在右边的框架中。如图 2-40 所示的 Dreamweaver 8 的联机帮助效果。

图 2-40　框架结构的联机帮助系统

2.8.2　框架集

框架把多张网页放置在一个页面中，框架集是一张特殊的网页，框架集指定了页面分为几个部分，指定每一个部分显示哪一张网页。用户在访问框架集网页时，把多张网页按照框架集制定的规则来进行显示。

1. 简单的框架集

我们从一个最简单的框架页为例入手来学习框架集。例如一个框架集把页面分成上下两个部分，上下部分别显示网页 up.html 和 down.html，框架集的代码如下：

--清单 2-8　frameSet.html--
```
<html>
<head>
    <title>框架集</title>
```

```
</head>
<frameset rows="80,*">
  <frame src="up.html">
  <frame src="down.html">
</frameset>
<noframes>
<body>
```
　　你的浏览器不支持框架，无法正常显示本网页。
```
</body>
</noframes>
</html>
```

　　显示结果如图 2-41 所示。

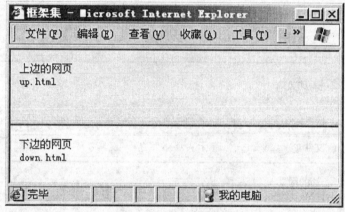

图 2-41　最简单的框架

　　框架集把页面按行或列进行分割，框架集中使用<frameset></frameset>标记的 rows 属性或 cols 属性来指定分割方式。在上例中，rows="80,*" 指定页面分成两行，上行的宽度为 80像素，下行的宽度为窗口高度减上边的高度。

　　使用<frame>标记符的 src 属性来指定显示的页面。在上例中，<frame src="up.html">指定把网页 up.html 显示在上边；<frame src="down.html">指定把网页 down.html 显示在下边。

　　标记符中的内容是当用户浏览器不支持框架时，<frameset></frameset>中的内容不能正常显示，显示中的内容。由于目前绝大多数浏览器都支持框架，所以通常省略该标记符。

　　提示：如果 down.html 又是一个框架集时，可以形成复杂的框架结构，如把页面分成三部分或更多部分。

2.　框架的嵌套

　　当网页需要更复杂的框架结构时，可以采用框架的嵌套。使用<frameset></frameset>标记符替换\<frame\>\</frame\>标记符，实现框架的嵌套。

例如，以下 HTML 代码创建了一个带有嵌套框架的框架集。

--清单 2-9　frameSet2.html---

```html
<html>
<head>
    <title>框架的嵌套</title>
</head>
<frameset rows="80,*">
  <frame src="up.html">
  <frameset cols="150,*">
    <frame src="left.html">
    <frame src="right.html">
  </frameset>
</frameset>
</html>
```

显示结果如图 2-42 所示。

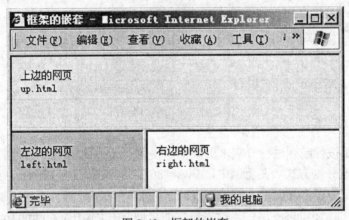

图 2-42　框架的嵌套

3. 使用 Dreamweaver 创建框架页

使用菜单［文件］→［新建］，在弹出的对话框中选中"框架集"类别，再选中某种框架集，点击［创建］按钮即可创建框架页。这时自动创建了几个新文档：框架集和框架集中放置的网页。可以使用菜单［文件］→［保存全部］来依次保存框架集和多个网页。

Dreamweaver 提供了"框架"（用 Shift+F2 打开）面板和"属性"面板来管理和修改框架。在框架面板中，可以方便地选取框架集和网页，然后使用属性面板修改框架集和框架的属性。如图 2-43 所示。

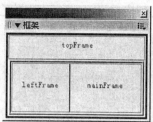
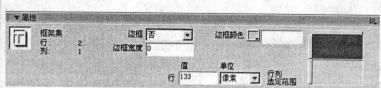

图 2-43　使用框架面板和属性面板

2.8.3　框架的应用示例

当网站中的项目较多，且每一项内容由一张或多张网页组成时，用框架来组织这些项目是比较常见的做法。例如，要介绍一个有多个系部的高校，可以采用左右框架结构。这里为了代码简单，只写两个系的简介，共由五张网页组成。如图 2-44 所示。

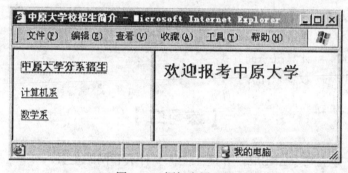

图 2-44　框架应用示例

①frameset.html　组织多张网页的框架

--清单 2-10　frameSet.html--

```html
<html>
<head>
    <title>中原大学招生简介</title>
</head>
<frameset cols="180,*">
    <frame src="menu.html" name="leftFrame" >
    <frame src="main.html" name="mainFrame" >
</frameset>
</html>
```

每个 frame 标记符加了一个 name 属性，以便为后面的超链接指定目录，在特定的框架中打开新的网页。

②menu.html　　有超链接的系部目录

---清单 2-11 menu.html---

```html
<html>
<head>
    <title>系部列表</title>
</head>
<body>
    <h3><a href="main.html" target="mainFrame">中原大学分系招生</a></h3>
    <a href="jiSuanJi.html" target="mainFrame">计算机系</a><br><br>
    <a href="shuXue.html" target="mainFrame">数学系</a>
</body>
</html>
```

注意这里所有超链接的目标均为"mainFrame",在右边的窗口中打开新网页。

以下三张是以前学习过的普通网页，以学校和系部简介为主，代码略。

③main.html   学校简介
④jiSuanJi.html   计算机系简介
⑤suXue.html   数学系简介

【练习二】

1. 在 D 盘中建立站点 mySite，并建立图像文件夹和网站主页。
2. 使用表格布局页面，插入图片，使用 CSS 格式化文字，制作如图 2-45 所示的网页。

图 2-45

3．使用插入栏插入不同的表单元素，制作用户注册页。

4．使用框架集技术，在 2.8.3 节中再添加 2 个系部简介，并把每一个系部简介的网页制作完整。

【实验二】 投票系统外观设计

实验内容：

1．使用表格并插入表单，制作如图 2-46 所示的投票系统的外观。

2．使用层和 CSS 技术实现同样的效果。

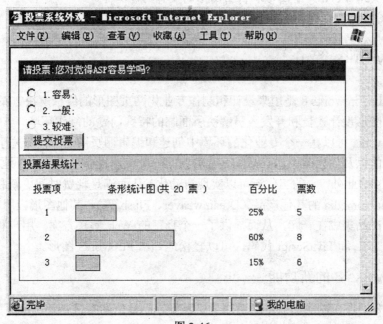

图 2-46

第3章　网页图形与图像处理

【本章要点】

1. 中文 Fireworks 8 工作环境
2. 中文 Fireworks 8 矢量图形和位图图像的制作与编辑
3. 图形图像的美化、优化与导出

3.1　Fireworks 简介

Macromedia Fireworks 8 是用来设计和制作专业化网页图形的终极解决方案。它是第一个可以帮助网页图形设计人员和开发人员解决所面临的特殊问题的制作环境。

使用 Fireworks 可以在一个专业化的环境中创建和编辑网页图形、对其进行动画处理、添加高级交互功能以及优化图像。Fireworks 有着在同一个应用程序中合二为一地处理位图和矢量图的巨大优势。此外，它的工作流可以实现自动化，从而满足耗费时间更新和更改的要求。它还与包括 Macromedia 的其他产品（Dreamweaver、Flash 等）、其他图形应用程序及 HTML 编辑器等多种产品集成在一起，从而提供了一个真正的 Web 解决方案。用户利用 HTML 编辑器自制的 HTML 和 JavaScript 代码，可以轻松地导出 Fireworks 图形。

3.1.1　Fireworks 8 的新功能

Fireworks 8 不仅在以前的版本上增加了更友好、高效的新特性，还增添了新的功能。在新功能的帮助下，我们可以更方便地使用 Fireworks。

1. 优化

"图像编辑"面板：这个新面板让我们可以访问常用的图像编辑工具、滤镜和菜单命令。

更多导入文件格式：Fireworks 8 现在支持导入 QuickTime 图像、MacPaint、SGI 和 JPEG 2000 文件格式（QuickTime 支持需要 QuickTime 插件）。

优化的批处理工作流程：简化的重命名，在批处理过程中进行缩放时检查文件尺寸，以及增加了状态栏和日志文件，等等。

2. 集成的工作流程

CSS（层叠样式表）弹出式菜单：Fireworks 8 使用 CSS（层叠样式表）格式创建交互式的弹出菜单。这可以帮助我们轻松地定制与使用 Dreamweaver 构建的网站进行完美集成的代码。

矢量兼容性：在 Flash 和 Fireworks 之间移动对象时，会保留矢量属性（填充、笔触、滤镜和混合模式）。

更多切片选项：当所选对象是多边形路径时，将自动插入多边形切片。

识别 ActionScript 颜色值：将 ActionScript 颜色值从 Flash 复制并粘贴到 Fireworks 颜色值字段中时，Fireworks 可识别该颜色值。

文件类型转换：在"另存为"对话框中选择文件输出格式，如 gif、jpg、tiff。

改进的打开、保存和导出逻辑：由于减少了所需的导航过程，用于确定"打开"、"保存"、"另存为"、"保存副本"和"导出"对话框中的默认文件夹的逻辑得到了增强。

减少了网格数目：类似 Flash，现在同时采用虚线和颜色较浅的默认网格颜色。

3. 创作过程简单化

新增的混合模式：新的 25 种混合模式可改变对象的颜色和外观。

透视阴影：为打开的路径和文本对象添加透视阴影。

纯色阴影：对多次所应用到的对象印上标记的新动态滤镜。

移动界面组件：使用位图界面组件快速创建移动界面模型。

示例按钮、动画、主题和项目符号：快速学习使用功能强大的新资源，如按钮、动画、主题和项目符号。

"自动形状属性"面板：此新面板可用于修改自动形状属性的属性，如"星形自动形状"、"箭头自动形状"或"智能多边形自动形状"。

动态选取框和转换选区（选取框到路径及路径到选取框）：将当前选区转换为可编辑的矢量路径，反之亦然。获取有关应用于选区的滤镜和设置的即时反馈信息。

自动命名文本：如果我们输入文字，则将以该文字自动命名层。

"特殊字符"面板：使用此新面板可将特殊字符直接插入文本块中。

更改路径上的文本的形状：附加文本后编辑路径点。

4. 工作流程的改进

最近使用过的字体和优化可记住上次使用的设置：最近使用过的字体现在显示在字体菜单的顶部。优化现在默认为上次使用的设置。

保存多个选区：保存、恢复、命名和删除 PNG 文件中的多个选取框。

在层面板中选择共享边缘的对象：按住 Shift 键并单击可在层面板中选择共享边缘或边界的对象。

自动保存首选参数：Fireworks 8 首选参数可更加频繁地进行自动保存。

将连续轻推分组：连续轻推现在被视为一次移动。

增强的绘图板支持：绘图板支持得到了增强，可用于"路径洗刷"工具和笔触压力敏感度。

锁定对象：在层面板中可锁定每个对象。

3.1.2　Fireworks 8 的安装、启动与退出

1. 安装

①将 Fireworks 8 安装光盘插入计算机的光盘驱动器。

②在 Windows 系统中会自动启动 Fireworks 安装程序。

③根据屏幕上安装向导的提示输入相关信息。

④安装完成时，重新启动计算机。

2. 启动

概括来讲，启动一个软件的方法有许多种，其实质是运行应用程序的主程序文件（文件名通常与软件名称主体相同，扩展名为.exe）。Fireworks 8 的主程序文件名为 Fireworks.exe。

运行主程序文件包括两种方式：一是直接运行程序文件，这里主要可以通过"开始"菜单下的"程序/Macromedia/Macromedia Fireworks 8"实现；二是通过快捷方式运行该程序文件。

3. 退出

当启动一个应用程序后，在不需要使用的时候应该将其关闭，关闭 Fireworks 8 通常有以下三种方式：

①选择"文件/退出"菜单项。

②单击程序窗口标题栏右侧的"关闭"按钮。

③直接按组合键【Alt+F4】。

如果修改了 Fireworks 文件内容后直接关闭应用程序，系统会提示用户对所做的修改是否保存。如单击"是"按钮，则在进行必要的文件保存设置后，保存对文件的修改退出；如单击"否"按钮，则不保存对文件的修改直接退出。

3.1.3 Fireworks 8 的界面

1. 中文版 Fireworks 8 的界面

启动 Fireworks 8 后，首先弹出 Fireworks 8 的初始化界面，然后进入 Fireworks 8 的工作界面，如图 3-1 所示。

图 3-1 Fireworks 8 的工作界面

从图中可以看出，程序窗口由标题栏、菜单栏、工具箱、属性检查器、其他面板和开始页六部分组成,它秉承了 Windows 应用程序的窗口风格。工具箱位于屏幕的左侧,它分成了多个类别并用标签标明,其中包括位图、矢量和网页工具组等。"属性"检查器沿着文档底部显示,它在不同的时刻分别显示文档属性、被选择新工具或文档中的对象的属性。其他面板最初沿屏幕右侧成组停放。开始页位于窗口的中间,它包括打开最近的项目、新建、扩展和教程区四种任务提示。

通过打开和新建都可以编辑界面(如图 3-2 所示)。与工作界面相比,其不同之处是:编辑界面窗口的中间部分用编辑区取代了工作界面窗口的开始页。这个编辑区便是 Fireworks 图像编辑的主要场所,从图 3-2 可以看出,编辑区内是一个大的选项页,该页包括显示文件的名称(扩展名为.png)的标题栏,用于编辑的"原始"按钮,按不同幅面预览图像的"预览"、"2 幅"及"4 幅"三个按钮及右上角的导出钮。

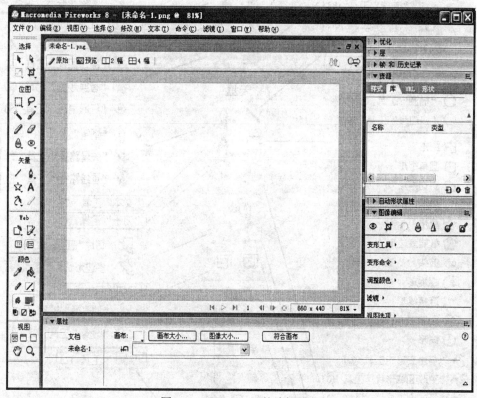

图 3-2　Fireworks 8 的编辑界面

2. 工具箱

在工具箱中包含了用于创建、选择和编辑的多种工具,如图 3-3 所示。

一些工具包含在同一个工作组中,在同一个工作组中的工具是可以互相切换的,方法是在右下角有一个三角形的工具上按下鼠标不放,这时便会弹出同组其他工具,将鼠标移到所要的工具上单击即可。

3. "属性"检查器

"属性"检查器是一个上下文关联面板,它显示当前选区的属性、当前工具选项或文档的属性。默认情况下,"属性"检查器停放在工作区的底部,如图 3-4 所示。

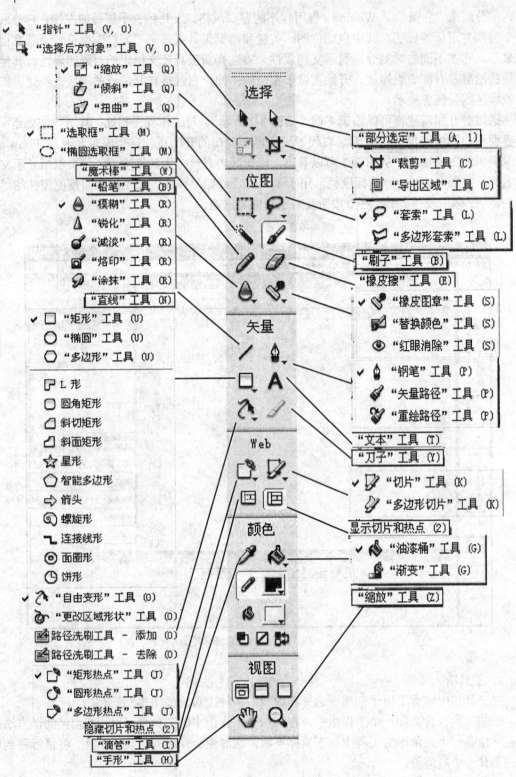

图 3-3 工具箱面板

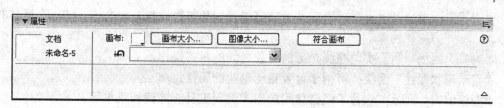

图 3-4 "属性"检查器

"属性"检查器可以半高方式打开，只显示两行属性；也可以全高方式打开，显示四行属性；还可以在将"属性"检查器留在工作区中的同时将其完全折叠。

①取消停放"属性"检查器：将左上角的抓取器拖动到工作区的其他部分。

②在工作区底部停放"属性"检查器（仅适用于 Windows）：将"属性"检查器上的边条拖到屏幕底部。

③将半高的"属性"检查器展开为全高并显示附加选项：单击"属性"检查器右下角的扩展箭头；单击"属性"检查器右上角的图标，然后从"属性"检查器"选项"菜单中选择"全高"。

注意：在 Windows 中，"选项"菜单仅当停放了"属性"检查器时才可用。

④将"属性"检查器降低到半高：单击"属性"检查器右下角的扩展箭头；从"属性"检查器"选项"菜单中选择"半高"。

⑤在停放"属性"检查器时将其折叠：单击"属性"检查器的扩展箭头或标题；从停放的"属性"检查器的"选项"菜单中选择"折叠面板组"。

4. 浮动面板

浮动面板可以帮助我们编辑文档中所选对象或元素的各个方面，可用于处理帧、层、元件、颜色样本等。Fireworks 8 主要包含下述面板。

"优化"面板：可用于管理用来控制文件大小和文件类型的设置，以及处理要导出的文件或切片的调色板。

"层"面板：可以组织文档的结构，并且包含用于创建、删除和操作层的选项。

"帧"面板：包括用于创建动画的选项。

"历史记录"面板：列出最近使用过的命令，以便我们能够快速撤销和重做命令。另外，您可以选择多个动作，然后将其作为命令保存和重新使用。

"形状"面板：包含工具箱中未显示的"自动形状"。

"样式"面板：可用于存储和重用常用样式。

"库"面板：包含图形元件、按钮元件和动画元件。我们可以轻松地将这些元件的实例从"库"面板拖到文档中，也可以通过只修改该元件而对全部实例进行全局更改。

"URL"面板：可用于创建包含经常使用的 URL 的库。

"混色器"面板：可用于创建要添加至当前文档调色板或要应用到所选对象的新颜色。

"样本"面板：可管理当前文档的调色板。

"信息"面板：提供关于所选对象的尺寸和指针在画布上移动时的精确坐标信息。

"行为"面板：可用来管理行为，而行为则被用来确定热点和切片对鼠标动作所做出的响应。

"查找"面板：可用于在一个或多个文档中查找和替换元素，如文本、URL、字休和颜色等。

"对齐"面板：用于实现在画布上的对象之间的对齐操作。

"自动形状属性"面板：可用于设置自动形状的属性。

"图像编辑"面板：包含了经常使用的图像编辑工具、滤镜和菜单等。

"特殊字符"面板：可将特殊字符直接插入到文本中。

每个面板都是可拖动的，因此我们可以按自己喜欢的排列方式将面板组合到一起。在默认情况下，某些面板不会显示出来，但是如果需要，我们可以通过"窗口"菜单显示它们。

3.1.4 创建 Fireworks 文件

在 Fireworks 中创建新一幅网络图像，必须首先建立一个新文件或打开一个已存在的文件。对于新文件，通常在建立时设置好它们的属性，以免在后续的创作中再费力去修改。

在 Fireworks 中创建文件，其默认格式是 PNG 文件，即可移植网络图形文件。当完成图像的制作和处理后，我们也可以轻松地将文件转换为其他网页图形格式输出，如 JPEG 或 GIF。

1. 创建新文件

创建新文件的步骤如下：

①选择"文件/新建"命令，打开"新建文档"对话框，如图 3-5 所示。

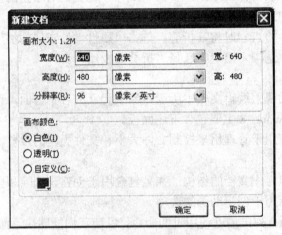

图 3-5　新建文档

②以像素、英寸或厘米为单位输入画布宽度和高度度量值。

③以像素/英寸或像素/厘米为单位输入分辨率。

④为画布选择白、透明或自定义颜色。如果选择使用"自定义"颜色，可以单击"自定义"颜色选择框上的小黑三角，在弹出的颜色选择框中选择所需画布颜色。

⑤单击"确定"按钮，进入如图 3-2 所示的编辑界面后，便可开始创作了。

2. 打开文件

在 Fireworks 中，我们可以很容易地打开、导入和编辑在其他图形程序中创建的矢量和位图图像。

　　打开已有的 Fireworks 文件时，可以选择"文件/打开"命令，在弹出的"打开"对话框（如图 3-6 所示）找到文件所在的文件夹，选择文件并单击"打开"按钮。

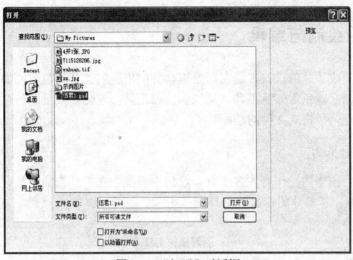

图 3-6　"打开"对话框

　　使用 Fireworks 可以打开在其他应用程序中或以其他文件格式创建的文件，其中包括 Photoshop、FreeHand、Illustrator、未压缩的 CorelDraw、WBMP、EPS、JPEG、GIF 和 GIF 动画文件。但如果使用"文件/打开"命令打开非 PNG 格式的文件时，将基于所打开的文件创建一个新的 Fireworks PNG 文件。我们可以使用 Fireworks 的所有功能来编辑图像。然后，可以选择"另存为"将所编辑的文档保存为新的 Fireworks PNG 文件或保存为另一种文件格式。这样做，原始文件仍然保持不变，只是增加了新的格式文件罢了。

3. 保存文件

新建的文件可以在任何时候保存，具体的做法是：

（1）选择"文件/保存"命令，将弹出"另存为"对话框，如图 3-7 所示。

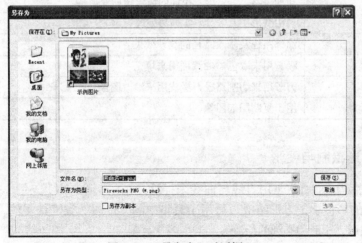

图 3-7　"另存为"对话框

（2）选择好保存路径，并在对话框中的"文件名"中输入文件名称，无需输入扩展名。

（3）单击"保存"按钮即可完成保存。

在创建了该文档后，再次选择"保存"命令，则保存对此文件的修改。

3.2 图形的绘制与编辑

Fireworks 8 集成了从前只在矢量图形处理软件中出现的工具与位图图像处理软件中丰富的艺术处理手段。它既包含矢量工具，又包含位图工具，淡化了矢量图与位图两种格式文件的区别，具备处理两种格式文件的功能。

3.2.1 绘图工具简介

Fireworks 8 对图形的操作有许多工具，它们主要集中在工具箱的矢量、位图和选择三个类别中。表 3-1 列出了部分图形操作工具。

表 3-1   图形操作工具

工　具	说　明	
徒手和放大镜工具	用来移动操作界面的徒手工具，用来放大对象的放大镜工具	
矢量的选择工具	指针工具和选择后方对象工具	
图形选择工具	对对象的组成部分进行选定	
编辑选择工具	套索工具及魔术棒工具	
铅笔和钢笔工具	分别通过拖曳与逐段单击鼠标来完成绘制线	
矩形等图形绘制工具	用来绘制矩形等图形形状	
文本工具	用来实施文本的输入	
画刷与路径重组工具	绘制纹理图形调整纹理面板	
形体变换工具	缩放工具	旋转/缩放变形，边角及形体内部像素不变
	倾斜工具	以某边为轴的倾斜变形
	扭曲工具	拉伸的边角扭曲变形
	自由变形工具	实施边处理
路径修改工具	涂饰路径及修改路径的纹理效果	
吸管及油漆桶工具	吸管用来取色，油漆桶用来填充	
刀子/橡皮工具	刀子用来切割路径，橡皮用来涂改图像	
印章工具	用于复制局部图像	

3.2.2 基本图形绘制与变形

矢量图形由点构成，通常是用直线与曲线来描绘，由工具箱中的"矢量"类工具来完成，位图由称为像素的彩色小正方形组成，可用工具箱中的"位图"类工具实现。

1. 基本的线形、矩形和椭圆的绘制

我们可以使用"直线"、"矩形"或"椭圆"工具快速绘制基本形状。"矩形"工具将矩形作为组合对象进行绘制。若要单独移动矩形的角点，必须取消组合矩形或使用"部分选定"工具。

绘制直线、矩形或椭圆的步骤如下：

（1）从工具箱中选择"直线"工具、"矩形"工具或"椭圆"工具。

（2）如果需要，在"属性"检查器中设置笔触和填充属性。在画布上拖动以绘制形状。

对于"直线"工具，按住 Shift 键并拖动可限制只能按 45°的倾角增量来绘制直线。

对于"矩形"或"椭圆"工具，按住 Shift 键并拖动可将形状限制为正方形或圆形。

若要从特定中心点绘制直线、矩形或椭圆，将指针放在预期的中心点，然后按 Alt 键并拖动绘制工具。

若要既限制形状又要从中心点绘制，则只要将指针放在预期的中心点，按 Shift+Alt 键并拖动绘制工具。

（3）释放鼠标。

2. 多边形的绘制

使用"多边形"工具既可以绘制多边形，又可以绘制星形。具体操作步骤如下：

（1）从工具箱中选择"多边形"工具。

（2）在"属性"检查器中进行形状及边（如图 3-8 所示）等相应的属性设置。在画布上拖动以绘制形状。

（3）释放鼠标，便可绘制出多边形（如图 3-9 所示）或星形（如图 3-10 所示）。

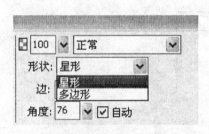

图 3-8 设置形状与边   图 3-9 多边形   图 3-10 星形

3. 扩展图形的绘制

Fireworks 8 中提供了一组扩展矢量工具，利用它们可以绘制 L 形、圆角矩形、斜切矩形、斜面矩形、星形、智能多边形、箭头、螺旋形、连接线形、面圈形和饼形等多种几何图形，如图 3-11 所示。

下面以面圈形为例说明绘制扩展图形的具体操作步骤：

（1）从工具箱中选择扩展图形（面圈形）工具。

（2）如果需要，在"属性"检查器中设置笔触和填充属性。在画布上拖动以绘制形状。

（3）释放鼠标，便可绘制出扩展图形（面圈形）（如图 3-12 所示）。

使用鼠标拖动扩展图形（面圈形）上的锚点可以对所绘图形进行调整。

高等院校计算机系列教材

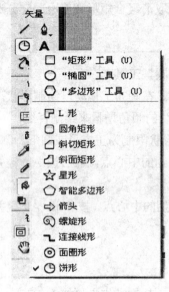

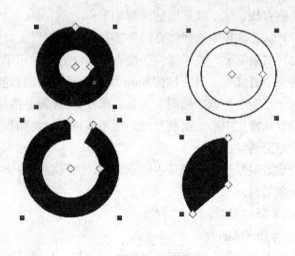

图 3-11　扩展图形　　　　　　　　　　　　　　　图 3-12　面圈形

选择"窗口\自动形状属性"命令可以在打开的自动形状属性面板中调整扩展图形（面圈形）的各种属性（如图 3-13 所示）。

图 3-13　面圈形的自动形状属性

4. 不规则图形的绘制

在 Fireworks 中，不规则形状的轮廓被称为路径。钢笔工具既可用来绘制直线路径，也可以用来绘制曲线路径。因此，绘制不规则图形可采用工具箱中的"钢笔"工具。

应用钢笔工具生成直线路径时，首先选择钢笔工具，然后在绘图区内单击，再依次在确定的下一个位置单击，一直到在终点处双击完成。如果要绘制出封闭路径，只要使终点与第一个点重合，且将结束时的双击改为单击即可。

如图 3-14 所示，左图的折线路径 A 为起点，经 B、C、D、E 到 F，在绘制时，A、B、C、D、E 处均单击，F 处双击。右图中 G 为起点，经 H、I 到 J（与 I 重合）构成封闭路径，在绘制时，G、H、I、J 处均单击即可。

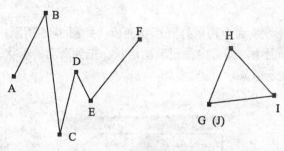

图 3-14　绘制直线路径

如果要绘制曲线路径段，需要在绘制时单击并拖动。绘制时，当前点显示点手柄。首先单击以放置第一个角点（路径形状发生激剧变化的点），然后将鼠标移到下一个位置，单击并拖动以产生一个曲线点；若要继续绘制，则只要重复上述操作即可。如果单击并产生一个新点，即可产生一个曲线点，如果只是单击，则产生一个角点。终点的绘制方法与直线路径段终点的绘制方法相同。

如图 3-15 所示，左图的曲线路径 A 为起点，经 B、C 到 D，在绘制时，在 A 点单击并垂直向下拖到与 D2 可连成水平线的位置时，松开鼠标左键移动到 B 点处，再在 B 点单击并垂直向上拖到与 D1 可连成水平线的位置时，松开鼠标左键移动到 C 点处，然后在 C 点单击并垂直向下拖到 C1 点，松开鼠标左键移动到 D 点单击并垂直向上拖到 D1 处，再松开鼠标左键移动到 D 点并双击便完成绘制。右图中 E 为起点，经 F 到 G（与 E 重合）构成封闭路径，在绘制时，在 E 点单击并垂直向上拖到 E1 点，松开鼠标左键移动到 F 点处，再在 F 点单击并垂直向上拖到 F1 点，松开鼠标左键移动到 G 点处单击即可（注：图 3-15 中连接 C、C1 的直线段、连接 D1、D2 的直线段、连接 E1、E2 的直线段和连接 F1、F2 的直线段都是控制绘图的方向线段，不是图像的组成部分，绘制结束是不可见）。

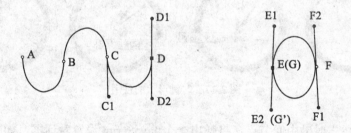

图 3-15　绘制曲线路径

读者可结合直线段路径和曲线段路径的知识绘制出既含直线段又含曲线段的路径。

使用钢笔工具时，可通过各个点来修改直线和曲线路径段。操作时不但可通过拖动点手柄来进一步修改曲线路径段，还可以通过转换各个点来将直线路径段转化成曲线路径段。

选择钢笔工具后，在所绘制的路径上单击曲线点可以将曲线点转换成角点；在角点上拖拽鼠标可以将角点转换成曲线点。在曲线路径段上没有曲线点和角点的地方单击可增加曲线点；在直线路径段上没有曲线点和角点的地方单击可增加角点。双击曲线点可将该曲线点删除；单击角点可将该角点删除。

5. 自动形状绘制

选择"窗口/自动形状"命令可以打开形状面板，如图 3-16 所示，在面板中选择需要的形状并用鼠标拖拽到画面中，即可向画面添加形状；拖到画面的形状有多个节点，通过调节节点可以得到不同的显示效果。

图 3-16 形状面板

下面以时钟形状为例，说明自动形状的操作步骤。

（1）将时钟形状拖到画面，此时可看到时钟上有多个节点，如图 3-17 左起第一个钟面所示。

图 3-17 时钟形状的使用

（2）用鼠标单击时钟中间节点，将弹出一个 JavaScript 设置对话框，如图 3-18 所示。我们可以按格式在文本框中输入设置时间（本例设置为 12：10）。

（3）用鼠标单击图 3-17 右起第二个钟面所示节点，可以设置表盘上的刻度标记（4 个、12 个和 60 个），本例为 60 个的情形。

（4）设置完毕，效果如图 3-17 右起第一个钟面所示。

6. 图形的选择与变形

使用选择工具和变形工具，可以移动、复制、删除、旋转、缩放或倾斜对象。在具有多个对象的文档中，可以通过对对象执行堆叠、组合和对齐操作来组织它们。

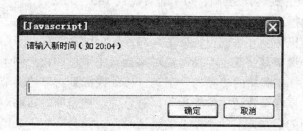

图 3-18　JavaScript 对话框

（1）图形选择

选择图形可以用工具箱上的工具实现，也可以通过 3.2.3 介绍的层面板实现。

用"指针"工具单击对象或者在全部或部分对象周围拖动选区，可选取整个对象；用"部分选取"工具单击对象或者在部分对象周围拖动选区，可选取独立的点或者某一路径上的线段或者某一组的单个对象；用"选择后方对象"工具单击包含多个对象的图形，可选取被其他对象隐藏或遮挡的对象。

注意：按住 Shift 键不放，再选择其他对象可以增选对象；使用快捷键 Ctrl+D 可以取消选择；使用快捷键 Ctrl+G 可以将选取的对象组合成一个对象；使用快捷键 Ctrl+Shift+G 可以解散选择的组。

（2）图形变形

使用"缩放"、"倾斜"和"扭曲"工具以及"修改"菜单下的"变形"命令，可以对所选对象、组或者像素选区进行变形处理，这其中包括旋转、缩放、倾斜、扭曲翻转等操作。

要对对象进行变形操作，首先应选取对象，再选择工具箱上的变形工具，这时对象四周会出现调节手柄，通过调节手柄和中心点，可以实现将对象变形的目的。如图 3-19 所示，从左到右依次展示出了原始对象和经旋转、缩放、倾斜、扭曲、垂直翻转、水平翻转后的对象。

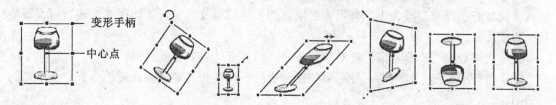

图 3-19　原始对象和经旋转、缩放、倾斜、扭曲、垂直翻转、水平翻转后的对象

①缩放对象。选择工具箱的"缩放"工具，移动鼠标到对象的调节手柄处，当鼠标指针变成双向箭头时拖拽鼠标至合适的位置松手，便可以改变对象的宽和高。调节四个角上的手柄使对象的宽和高同时变化，并保证对象按原有的高宽比进行缩放，调节其余四个手柄，只改变宽或高。

②旋转对象。当鼠标靠近要旋转的对象时，鼠标指针会变成旋转箭头，此时，对象便绕中心进行旋转。如果拖拽鼠标时按住 Shift 键，可以使旋转对象以 15° 为间隔进行更改。如果在中心点上拖拽鼠标，可以更改中心点的位置，从而实现使对象沿指定点旋转。

此外，在"修改"菜单的"变形"项下，有将对象进行 90° 或 180° 旋转的子项，能将对象实施顺时针 90°的旋转、逆时针 90°的旋转或 180°的旋转。

③倾斜对象。选择工具箱的"倾斜"工具，移动鼠标到对象的调节手柄处，当鼠标指针变成双向箭头时拖拽鼠标至合适的位置松手，对象便会倾斜。在调节四个角上的手柄时，对象会产生梯形倾斜，调节其余四个手柄时，对象会产生平形四边形倾斜。

④扭曲对象。选择工具箱的"扭曲"工具，移动鼠标到对象的调节手柄处，当鼠标指针变成双向箭头时拖拽鼠标至合适的位置松手，对象便会被扭曲。扭曲对象的操作与倾斜对象的操作类似，所不同的是在调节四个角上的手柄时，对象会产生不规则的变形。

⑤翻转对象。对象的翻转包括垂直翻转和水平翻转，在"修改"菜单的"变形"项下，选择"垂直翻转"或"水平翻转"即可实现对象的垂直翻转和水平翻转。

⑥其他变形方法。除了通过拖拽来缩放、调整大小或旋转对象外，还可以通过输入特征值来使对象变形。方法是在属性检查器或信息面板的宽和高中输入对象的宽度和高度值来调整对象的大小，如图 3-20 和图 3-21 所示。

还可以使用"数值变形"对话框缩放或旋转对象。做法是：对选定对象执行"修改/变形/数值变形"命令，便可打开如图 3-22 所示的"数值变形"对话框。

图 3-20　属性检查器

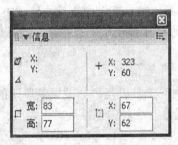
图 3-21　信息面板

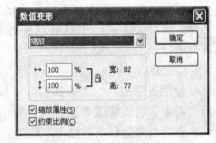
图 3-22　"数值变形"对话框

接着在其下拉列表框中选择变形类型，若选择"缩放"可设置宽或高与原对象的宽或高的百分比，若选择"调整大小"可设置对象新的宽度或高度的值，若选择"旋转"可设置旋转的角度度数。

选中"缩放属性"复选框，在对象变形时，将重新计算对象的属性。

选中"约束比例"复选框，变形将按比例进行。体现为在宽和高设置栏后有一个小锁的标记图标。

单击"确定"按钮完成变形。

7. 创建位图对象

要创建位图图形，可以使用 Fireworks 位图绘制和绘画工具，剪切或复制和粘贴像素选区，或者将矢量图像转换成位图对象。另一种创建位图对象的方法是在文档中插入一个空的位图图像，然后对其进行绘制、绘画或填充。

一个新位图对象创建后就添加到当前层中。在层已展开的层面板中，可以在位图对象所在的层下看到每个对象的缩略图和名称。尽管有些位图应用程序把每个位图对象都视作一个层，但 Fireworks 把位图对象、矢量对象和文本组织成位于层上的单独对象。

（1）创建新的位图对象

①从工具箱的"位图"部分中选择"刷子"或"铅笔"工具。

②用"刷子"或"铅笔"工具在画布上绘画或绘图以创建位图对象。

一个新的位图对象随即添加到层面板的当前层中。

可以创建一个新的空位图，然后在空位图中绘制或绘画像素。

（2）创建空位图对象

请执行下列操作之一：

①单击层面板中的"新建位图图像"按钮。

②选择"编辑/插入/空位图"。

③绘制选区选取框，从画布的空白区域开始并填充它。

一个空位图随即添加到层面板的当前层中。如果在空位图上绘制、导入像素或以其他方式放入像素之前，取消选择了空位图，则空位图对象自动从层面板和文档中消失。

（3）剪切或复制像素并将它们作为一个新位图对象粘贴

用"选取框"工具、"套索"工具或"魔术棒"工具选择像素。 执行下列操作之一：

①选择"编辑/剪切"，然后选择"编辑/粘贴"。

②选择"编辑/复制"，然后选择"编辑/粘贴"。

③选择"编辑/插入/通过复制创建位图"，将当前所选复制到一个新位图中。

④选择"编辑/插入/通过剪切创建位图"，将当前所选内容剪切到一个新位图中。

所选像素以当前层上的对象形式显示在层面板中。

（4）将所选矢量对象转换成位图图像

请执行下列操作之一：

①选择"修改/平面化所选"。

②从层面板的"选项"菜单中选择"平面化所选"。

③矢量到位图的转换是不可逆转的，只有使用"编辑/撤销"或撤销"历史记录"面板中的动作可以取消该操作。位图图像不能转换成矢量对象。

8．应用颜色、笔触和填充

Fireworks 8 包含各种面板、工具和选项，用于组织和选择颜色并将颜色应用到位图图像和矢量对象。

在"样本"面板（见图 3-23）中，我们可以选择预设样本组（如"彩色立方体"、"连续色调"或"灰度等级"），也可以创建包含喜爱的颜色或允许的颜色的自定义样本组。

在混色器（见图 3-24）中，可以选择一种颜色模式（如"十六进制"、"RGB"或"灰

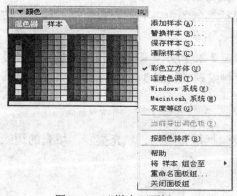

图 3-23 "样本"面板

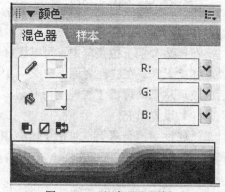

图 3-24 "混色器"面板

度等级"），然后直接从颜色栏或者通过输入特定的颜色值来选择笔触颜色和填充颜色。

工具箱的"颜色"部分除"颜料桶"、"渐变填充"和"滴管"工具外，还包含用于激活"笔触颜色"和"填充颜色"框的控件，这些控件又决定所选对象的笔触或填充是否受颜色选择的影响。此外，"颜色"部分还包含用于快速将颜色重设为默认值、将笔触和填充颜色设置设为"无"以及交换填充和笔触颜色的控件。

有关工具箱颜色工具和混色器中的按钮的使用方法：

使"笔触颜色"或"填充颜色"框变为活动状态：单击"笔触颜色"或"填充颜色"框旁边的图标。这样活动颜色框区域显示为一个被按下的按钮。如果单击按钮颜色框区域右下角的黑色三个形便会出现颜色弹出窗口，如图 3-25 所示。

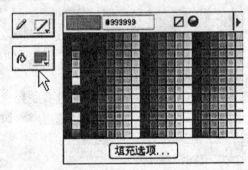

图 3-25　工具箱中的颜色框和颜色弹出窗口

将颜色重设为默认值：单击工具箱或混色器中的"默认颜色"按钮。

使用"没有描边或填充"按钮删除所选对象中的笔触或填充：只要单击工具箱或混色器中的"没有描边或填充"按钮，笔触或填充的颜色设置便变成"无"(也可以通过单击"填充颜色"或"笔触颜色"框弹出窗口中的"透明"按钮，或者从"属性"检查器的"填充选项"或"笔触选项"弹出菜单中选择"无"将所选对象的填充或笔触设置为"无")。

交换填充和笔触颜色：单击"工具箱"或混色器中的"交换颜色"按钮。

(1) 设置笔触

笔触和填充是对象最基本的两个属性。笔触附着在路径上，而填充则处于对象的内部。当前笔触的设置会被应用到当前的操作对象上去。如果新绘制一个对象，其路径上的笔触效果会沿用上次操作对象的属性，除非我们在绘制前改变了设置。

"属性"检查器上包括了所有笔触属性，主要包括笔触颜色、笔尖大小、描边种类、边缘柔和度和纹理填充等。

在描边类别下拉菜单中，可以选择各种笔触，如图 3-26 所示。如果不使用笔触效果，可以选择"无"。在纹理名称下拉菜单中，可以选择笔触纹理(如图 3-27 所示)，如果调节其后的纹理总量，可以使纹理变得明显或淡化。

(2) 设置填充

"属性"检查器上也包括了所有填充属性，主要包括填充颜色、填充类别、填充的边缘和填充纹理和透明等。

填充类别包括实心、网页抖动、渐变和图案四类。

实心：使用单色进行填充。

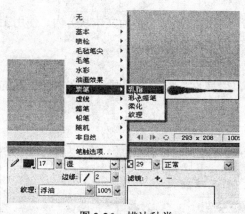

图 3-26　描边种类　　　　　图 3-27　纹理名称

网页抖动：使用网页安全色混合抖动，产生一种取代超出网页安全色颜色的颜色进行填充。

渐变：使用渐变色彩进行填充。

图案：使用位图图案进行填充。

下面以渐变填充为例说明填充对象的方法。

①选中经填充的对象。在属性面板的填充类型下拉菜单中选择"渐变"选项，此时会弹出渐变子菜单（如图 3-28 所示），在其中选择渐变类型（如星形放射）。

②单击填充颜色框，在弹出的"渐变颜色设置"的"预置"下拉菜单中，选择渐变色预置值（如鲜绿色），还可以拖动颜色滑块调整填充色，如图 3-29 所示。

③渐变色彩填充完毕后，再选中对象时，在渐变色彩上会有相应的调节手柄，如图 3-30 所示。通过它可以调节渐变的位置和形状，如图 3-31 所示。

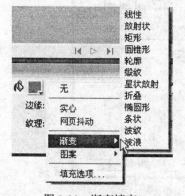

图 3-28　渐变填充

图 3-29　渐变颜色配置

图 3-30　调节手柄

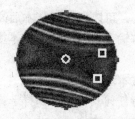

图 3-31　渐变的形状与位置

9. 创建文字对象

Fireworks 文件中的所有文本都显示在一个带有手柄的矩形（称为文本块）内，使用工具箱的"文本"工具可以输入、格式化、编辑图形中的文本。

（1）输入文本和编辑文本

①选择"文本"工具。选择"文本"工具后，"属性"检查器将显示"文本"工具的选项，如图 3-32 所示。

图 3-32　属性检查器

②设置字体、字号、颜色、字形、间距、字顶距、文本方向、对齐方式、段落缩进、段落前后空格、水平缩放、基线调整、消除锯齿级别和自动调整字距等文本属性。

③创建文本块。在文档中希望文本块开始的位置单击会创建一个自动调整大小的文本块；若拖动鼠标便会绘制出一个固定宽度的文本块。

④键入文本。当光标位于文本块内且处于文字输入状态时，既可以直接输入文本，也可以选择"文本/编辑器"命令进入如图 3-33 所示的"文本/编辑器"对话框输入或编辑文本。

图 3-33　文本编辑器

⑤如果需要，可以在键入文本后高亮显示文本块中的文本，然后为其重新设置格式。

⑥结束文本输入。可通过在文本块外部单击，或选择工具箱中的另一个工具，或按 Esc 键实现。

（2）移动文本块

可以像对待任何其他对象那样选择文本块并将其移动到文档中的任何位置。也可以在创建文本块时移动该文本块。

在创建文本块时移动文本块的做法是：在按住鼠标按钮拖动鼠标创建文本块的过程中，按住空格键，将文本块拖动到画布上的另一个位置，释放空格键，继续绘制文本块。

（3）使用自动调整大小文本块和固定宽度文本块

Fireworks 中既有自动调整大小文本块，也有固定宽度文本块。自动调整大小文本块在键入时沿水平方向扩展，如果删除了文本，则自动调整大小文本块会收缩以便刚好容纳剩余的文本；固定宽度文本块可以控制折行文本的宽度。

当文本块中的文本指针处于活动状态时，文本块的右上角会显示一个空心圆或空心正方形。圆形表示自动调整大小文本块，正方形表示固定宽度文本块。

双击文本块右上角或双击文本块内部均可实现两种文本块的相互切换。若拖动调整文本块大小的手柄，则能将文本块从自动调整大小类型更改为固定宽度类型。

（4）将文本附加到路径

为使文本摆脱矩形文本块的束缚，可以将文本附加到路径上。这样，文本会顺着路径的形状排列，并且具有可编辑性。

将文本附加到路径后，该路径会暂时失去其笔触、填充以及滤镜属性。随后应用的任何笔触、填充和滤镜属性都将应用到文本，而不是路径。如果之后将文本从路径分离出来，则路径会重新获得其笔触、填充以及滤镜属性。

注意：如果将含有硬回车或软回车的文本附加到路径，可能产生意外结果。

如果附加在开口路径的文本超出了该路径的长度，则超出的文本将换行并重复路径的形状。

下面用创建图 3-34 的效果来说明文本附加到路径的操作步骤：

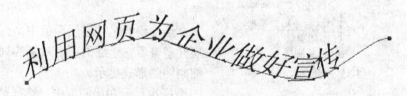

图 3-34　文本附加到路径

①利用"钢笔"工具画一条路径，再用"文本"工具建立文本框，并输入"利用网页为企业做好宣传"文字。

②选中路径，按住 Shift 键不放，选中文本块。

③选择"文本/附加到路径"命令，文字便沿路径排列了。

在"文本"菜单下，除"附加到路径"外，还有如下与文本附加到路径的相关命令：

从路径分离：所选择的沿路径排列文本便分离成一条路径和一个文本框，此时可对路径进行编辑。

方向：文字在路径上的排列方向，它有"依路径旋转"、"垂直"、"垂直倾斜"、"水平倾斜"四个子菜单项。

倒转方向：沿路径的相反方向相对侧排列。

（5）将文本转换为路径

文本附加到路径使文本具有路径的特点，可以灵活使用文本。此外，文本还可以直接转换为路径。将文本转换为路径后，可使用所有的矢量编辑工具像对待矢量对象那样灵活编辑文本的形状。只是无法将转换为路径后的文本再作为文本编辑罢了。

若要将所选的文本转换为路径，选择"文本/转换为路径"命令即可。已转换的文本路径可以作为一组进行编辑，也可以对其中的字符路径单独编辑。若对其中的字符路径单独编辑，可以用"部分选定"工具选中字符路径，也可以对选中已转换的文本并选择"修改/取消组合"命令后，再对字符路径进行编辑。

3.2.3 层与蒙版

Fireworks 中有一个很重要的概念——层，层将文档分成不连续的平面，就像是在描图纸的不同覆盖面上绘制插图的不同元素一样。一个文档可以包含许多个层，而每一层又可以包含很多对象。蒙版就是掩盖其他图片一部分的一幅图片。利用层和蒙版可以制作出效果非常好的文档。

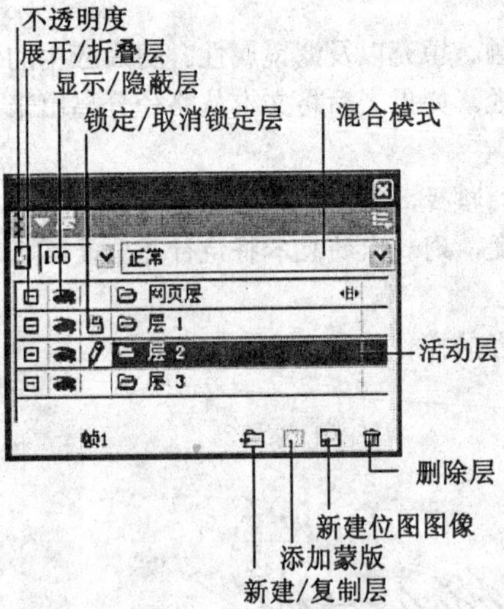

1. 层的使用

（1）层面板

如图 3-35 所示的层面板，我们可以在其中查看层和对象的堆叠顺序。也就是它们出现在文档中的顺序。默认情况下，Fireworks 根据层创建的顺序堆叠层，将最近创建的层放在最上面。堆叠顺序决定各层上对象之间的重叠方式。我们可以重新排列层的顺序和层内对象的顺序。

活动层的名称在层面板中高亮显示。可以展开层查看它上面的所有对象的列表。对象以缩略图的形式显示。

蒙版也显示在层面板中。选择蒙版缩略图可以编辑蒙版。也可以使用层面板创建新的位图蒙版。

图 3-35　层面板

不透明度和混合模式控件位于层面板的顶部。

（2）层的新建、删除和复制

使用层面板可以添加新层、删除多余的层以及复制现有的层和对象。

在创建新层时，会在当前所选层的上面插入一个空白层。新层成为活动层，且在层面板中高亮显示。删除层时，在该层上面的层成为活动层。

创建复制层时会添加一个新层，它包含当前所选层所包含的相同对象。复制的对象保留原对象的不透明度和混合模式。可以对复制的对象进行更改而不影响原对象。

添加层：在未选择任何层的情况下单击"新建/重制层"按钮；或者选择"编辑/插入/层"命令，或者从层面板右上角的功能菜单中选择"新建层…"，再在弹出的对话框中输入层名称后单击"确定"按钮。

删除层：从层面板将层拖到删除层图标上；或者在层面板中选择层并单击删除层图标；或者选择层并从层面板的右上角功能菜单中选择"删除层"。

　　复制层：从层面板将层拖到"新建/重制层"按钮上；或者选择层并从层面板的右上角功能菜单中选择"重制层"，然后选择要插入的复制层的数目以及在堆叠顺序中放置它们的位置。

　　"在顶端"将新层放在层面板的顶端。"网页层"总是最上一层，因此选择"在顶端"时会将复制层放在"网页层"的下面。

　　"当前层之前"将新层放在所选层的上面。

　　"当前层之后"将新层放在所选层的下面。

　　"在底部"将新层放在层面板的底部。

　　注意：如果要复制对象，可按住 Alt 键将对象拖到所需的位置。

　　（3）层的查看

　　层面板可以显示多个层，但却只能有一个层处于活动状态。单击某层或某层上的对象时，该层即成为活动层。在其后绘制、粘贴或导入的对象，最初都位于活动层上。

　　层面板以层次结构显示对象和层。如果文档中包含许多对象和层，层面板将变得混乱，在其中查找特定对象也会很困难。折叠层的显示有助于消除混乱。当需要在层中查看或选择特定对象时，可以展开层。还可以同时展开或折叠所有层。

　　若要展开或折叠层上的对象，只需在层面板上单击层名称左侧的加号（+）或减号（-）按钮；如果要展开或折叠所有层，可以在按住 Alt 键的同时在层面板中单击层名称左侧的加号（+）或减号（-）按钮。

　　（4）层的组织

　　在层面板中，可以通过命名并重新排列文档中的层和对象来组织它们。对象可以在层内或层间移动。

　　在层面板中移动层和对象将更改对象出现在画布上的顺序。在画布上，层顶端的对象出现在层中其他对象的上方。最顶层上的对象出现在下面层上对象的前面。

　　在层面板中要移动的层或对象可以是一个，也可以是多个。在选取层或对象的同时按位Shift(Ctrl)键，可以选择连续（相间）的多个层或对象。如果要移动层或对象，只要将层或对象拖到所需的位置；如果要将层上的所有所选对象移到另一层，只要将层的蓝色选择指示器拖到另一层；将层或对象向上或向下拖动到可视区域的边界以外时，"层"面板将自动滚动。

　　如果要将层上的所有所选对象复制到另一个位置，只要按住 Alt 键并将层的蓝色选择指示器拖到另一层即可。

　　在层面板中还可以给层或对象重命名。在层面板中双击层之后，在弹出"层名称"文本框中输入层名称，再按回车键或在文本框外的位置单击，便完成层的重命名；至于对象，可以直接在层面板中双击其缩略图右边的名称对其进行修改，也可以在"属性"检查器中对其进行重命名，只要输入新名称后按回车键即可。

　　注意："网页层"无法重命名。但是，可以命名"网页层"内的网页对象，如切片和热点。

　　（5）在层面板中合并对象

　　如果使用了位图对象和矢量对象，而且制作好了的对象不需要再编辑，那么在满足最底端的所选对象直接位于位图对象之上的条件下，那么可以在层面板中将对象合并起来。要合并的对象和位图不必在"层"面板中相邻或驻留在同一层上。

　　向下合并会将所有所选矢量对象和位图对象合并起来，与正好位于最底端所选对象下方的位图对象一起。形成单个的位图对象。矢量对象和位图对象一旦合并，就失去了其可编辑性，并且不能再被单独进行编辑。

如果要合并对象，首先在层面板上选择要与位图对象合并的对象，然后执行下列操作之一：

①从层面板的功能菜单中选择"向下合并"。

②选择"修改/向下合并"。

③右击画布上的所选对象，在弹出的快捷菜单中，选择"向下合并"。

④按快捷键 Ctrl+E。

所选对象随即与位图对象合并。最终获得的是单个位图对象。

注意："向下合并"不会影响切片、热点或按钮。

（6）层的保护

层面板提供了许多用来控制对象可访问性的选项。可以保护文档中的对象不被意外地选择和编辑。锁定层可以防止选择或编辑该层上的所有对象。还可以使用层面板来控制对象和层在画布上的可见性。当对象或层在层面板中被隐藏时，它不会出现在画布上，因此不会被意外地更改或选择。

注意：导出文档时不包括隐藏的层和对象。但是，不论"网页层"上的对象是否隐藏，始终可以导出。

锁定层：单击紧邻层名称左侧的列中的方形。

锁定多个层：沿层面板中的"锁定"列拖动指针。

锁定或解锁所有层：在层面板的右上角的功能菜单中选择"锁定全部"或"解除全部锁定"。

单层编辑：在层面板的右上角的功能菜单中选择"单层编辑"使复选标记指示"单层编辑"处于活动状态。"单层编辑"功能保护活动层以外的所有层上的对象不被意外地选择或更改。

显示或隐藏层：单击层或对象名称左侧的中间列中的方形使"眼睛"图标可见。

显示或隐藏多个层：沿层面板中的"眼睛"列拖动指针。

显示或隐藏所有层和对象：在层面板的右上角的功能菜单中选择"显示全部"或"隐藏全部"。

2. 蒙版的使用

（1）蒙版的概念

顾名思义，蒙版就是够隐藏或显示对象或图像的某些部分的一幅图片。所以，我们可以使用几种蒙版技术的任何一种在对象上实现许多种创意效果。

我们可以创建一个充当切饼模刀的蒙版来裁剪或剪贴下方的对象或图像。也可以创建一个产生雾窗效果的蒙版来显示或隐藏其下面的对象的某些部分。这种蒙版使用灰度降低或提高所选对象的可见度。还可以创建使用其自身的透明度来影响可见度的蒙版。

我们可以使用层面板或"编辑"、"选择"或"修改"菜单来创建蒙版。创建蒙版后，可以调整画布上被遮罩选区的位置，或者通过编辑蒙版对象来修改蒙版的外观。还可以将蒙版作为一个整体应用转换，或者对蒙版的组件分别应用转换。

可以将矢量对象或者位图对象用作蒙版对象。将矢量对象用作蒙版对象称为矢量蒙版，将位图对象用做蒙版对象称为位图蒙版。还可以使用多个对象或组合对象来创建蒙版。

（2）矢量蒙版

使用过其他矢量插图应用程序（如 Macromedia FreeHand）的读者，可能对矢量蒙版并不陌生，它们有时被称为剪贴路径或粘贴于内部。矢量蒙版对象将下方的对象裁剪或剪贴为其路径的形状，从而产生切饼模刀的效果，如图 3-36 所示。

创建矢量蒙版时，一个带有钢笔图标的蒙版缩略图会出现在层面板中，表示已经创建了矢量蒙版，如图 3-37 所示。

图 3-36 使用路径形状的矢量蒙版

图 3-37 层面板中的矢量蒙版缩略图

选择矢量蒙版后，"属性"检查器会显示关于蒙版应用方式的信息。"属性"检查器的下半部分显示其他属性，这些属性可以编辑蒙版对象的笔触和填充，如图 3-38 所示。

图 3-38 "属性"检查器的矢量蒙版属性

（3）位图蒙版

使用过 Photoshop 的读者，可能对层蒙版并不陌生。Fireworks 位图蒙版与层蒙版的相似之处在于：蒙版对象的像素影响下层对象的可见性（图 3-39 和图 3-40 分别呈现了一个对象应用位图蒙版前后的状况）。但是，Fireworks 位图蒙版的用途更广，不管是使用其灰度外观还是使用其自身的透明度，都可以轻松更改其应用方式。另外，Fireworks 的"属性"检查器使蒙版属性和位图工具选项更易于访问，从而极大地简化了蒙版的编辑过程。

图 3-39 未使用蒙版的原始对象

图 3-40 使用灰度外观应用的位图蒙版

可以按以下两种方式应用位图蒙版：

①使用现有对象来遮罩其他对象。此方法类似于应用矢量蒙版。

②创建所谓的空蒙版。空蒙版开始时或者完全透明，或者完全不透明。透明（或白色）蒙版显示整个被遮罩的对象，而不透明（或黑色）蒙版则隐藏整个被遮罩的对象。可以使用位图工具在蒙版对象上绘制或者修改蒙版对象，以显示或隐藏底层的被遮罩的对象。

创建位图蒙版时，"属性"检查器会显示应用蒙版的信息。如果在选中位图蒙版时选择了位图工具，那么"属性"检查器会显示所选工具的蒙版属性和选项（如图 3-41 所示），从而可以简化蒙版编辑过程。

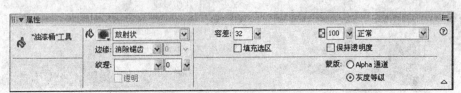

图 3-41　选择了位图工具的"属性"检查器位图蒙版属性

默认情况下，大多数位图蒙版是以其灰度外观应用的，但也可以用 Alpha 通道来应用。

（4）用现有对象创建蒙版

可以用现有对象创建蒙版。当矢量对象用做蒙版时，矢量对象的路径轮廓可用于剪贴或裁剪其他对象。当位图对象用做蒙版时，其像素的亮度或者其透明度中有一个会影响其他对象的可见性。

①使用"粘贴为蒙版"命令遮罩对象。

可以使用"粘贴为蒙版"命令创建蒙版，方法是用另一个对象来遮罩一个对象或一组对象。"粘贴为蒙版"创建矢量蒙版或位图蒙版。将矢量对象用做蒙版时，"粘贴为蒙版"创建一个矢量蒙版，它使用矢量对象的路径轮廓来裁剪或剪贴被遮罩对象。将位图图像用做蒙版时，"粘贴为蒙版"创建一个位图蒙版，它使用位图对象的灰度颜色值影响被遮罩对象的可见度。

下面以创建如图 3-36 所示的蒙版为例，说明使用"粘贴为蒙版"命令创建蒙版的步骤。

步骤一：选择要用做蒙版的对象（图 3-42 中的两个圆面）。按住 Shift 键并单击以选择多个对象。

注意：如果将多个对象用做蒙版，则 Fireworks 总是会创建矢量蒙版（即使两个对象都是位图）。

图 3-42　被选用做蒙版的对象

图 3-43　要遮罩的对象

步骤二：定位选区，使它与要遮罩的对象或对象组重叠，如图 3-42 所示。要用做蒙版的对象可以位于要遮罩的对象或对象组的前面或后面。

步骤三：选择"编辑/剪切"命令或 Ctrl+X 快捷键，剪切要用做蒙版的对象。

步骤四：选择要遮罩的对象或对象组（如图 3-43 所示）。如果要遮罩多个对象，则这些对象必须组合在一起。

步骤五：执行下列操作之一粘贴蒙版：

● 选择"编辑/粘贴为蒙版"。

● 选择"修改/蒙版/粘贴为蒙版"。

此时，所选对象作为蒙版应用到要遮罩的对象上，产生如图 3-36 所示的效果。

②使用"粘贴于内部"命令遮罩对象。

用过 Macromedia FreeHand 的读者，对创建蒙版的"粘贴于内部"方法可能并不陌生。"粘贴于内部"创建矢量蒙版或位图蒙版，具体取决于所使用的蒙版对象的类型。"粘贴于内部"命令通过用以下其他对象填充封闭路径或位图对象来创建蒙版：矢量图形、文本或位图图像。路径本身有时称为剪贴路径，而它包含的项目则称为内容或贴入内部。超出剪贴路径的内容被隐藏。

Fireworks 中的"粘贴于内部"命令产生与"粘贴为蒙版"命令类似的效果，但有几处不同：

● 使用"粘贴于内部"时，剪切并粘贴的对象就是将被遮罩的对象。而在使用"粘贴为蒙版"时，剪切并粘贴的对象是蒙版对象。

● 对于矢量蒙版，"粘贴于内部"显示蒙版对象本身的填充和笔触。默认情况下，使用"粘贴为蒙版"时，矢量蒙版对象的填充和笔触不可见。不过，可以使用"属性"检查器显示或隐藏矢量蒙版的填充和笔触。

下面举例说明使用"粘贴于内部"命令创建蒙版的步骤。

步骤一：选择要用作贴入内部的内容的对象（如图 3-43 所示）。

步骤二：放好这些对象，使它们与要在其中粘贴内容的对象重叠，如图 3-44 所示。

注意：只要希望用作内部粘贴内容的对象保持选定状态，堆叠顺序就无关紧要。这些对象在"层"面板中可以位于蒙版对象的上方或下方。

图 3-44　重叠对象

图 3-45　贴入内容的对象

图 3-46　贴入了内容的蒙版

步骤三：选择"编辑/剪切"将对象移到剪贴板。

步骤四：选择要将内容粘贴到其中的对象（如图 3-45 所示）。此对象将用做蒙版或剪贴路径。

步骤五：选择"编辑/粘贴于内部"。

粘贴对象看起来位于蒙版对象的内部，或者被蒙版对象剪贴了，如图 3-46 所示。

3.2.4 按钮与动画

要想使网页生动、美观、有活力，常常在网页中添加各种各样的按钮和动画。可以随鼠标指针的移动而改变形状、颜色的按钮能使网页具有丰富的交互性，可以发声的按扭和生动活泼的动画更能引起访客的注意。

Fireworks 8 具有强大的按钮制作动画功能，利用它，我们不仅可以制作出具有各种效果的动态按钮，还可以给按钮添加超链接等网页元素，也可以创建出 GIF 动画，包括 Banner、Logo、卡通等。

1. 元件

元件是在库中存放的对象，它可以被多次使用到文档中而只调用同一个对象。

实例是元件在文档中的具体引用。当元件发生变化时，文档中的所有实例都会有相应的改变。这样既有利于提高工作效率，又能减少文档占用的磁盘空间。

Fireworks 提供三种类型的元件：图形、动画和按钮。每种类型的元件都具有适合于其特定用途的特性。

（1）创建元件

使用"编辑/插入"子菜单，可以创建图形、动画和按钮元件。可以从任何对象、文本块或组中创建元件，然后在"库"面板中对其进行组织。若要在文档中放置实例，只需将其从"库"面板拖到画布上。

①从所选对象中创建新元件。

a. 选择对象，然后选择"修改/元件/转换为元件…"。

b. 在"元件属性"对话框（如图 3-47 所示）的"名称"文本框中，为该元件键入一个名称。

c. 选择元件类型："图形"、"动画"或"按钮"。然后单击"确定"。

该元件随即出现在库中，如图 3-48 所示。所选对象变成该元件的一个实例，同时"属性"检查器显示元件选项。

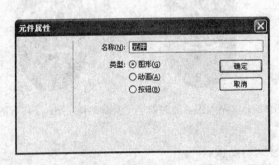

图 3-47　"元件属性"对话框

图 3-48　"库"面板

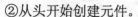

②从头开始创建元件。

a. 执行下列操作之一：

● 选择"编辑/插入/新建元件…"。

● 从"库"面板的功能菜单中选择"新建元件…"。

● 在"库"面板上单击"新建元件"按钮。

b. 选择元件类型："图形"、"动画"或"按钮"。然后单击"确定"。根据所选的元件类型，将打开元件编辑器或按钮编辑器。

c. 使用"工具"面板中的工具创建元件，然后关闭编辑器。

（2）编辑元件

可在元件编辑器中修改元件，这将会在完成编辑时自动更新所有关联的实例。

注意：对大多数类型的编辑而言，修改实例会影响该元件和所有其他实例。

①编辑元件及其所有实例。

a. 执行下列操作之一打开元件编辑器：

● 双击某个实例。

● 选择某个实例，然后选择"修改/元件/编辑元件"。

b. 对该元件进行更改，然后关闭窗口。

该元件及其所有实例都将反映所做的修改。

②重命名元件。

a. 在"库"面板中，单击"元件属性"按钮或双击元件名称。

b. 在"元件属性"对话框中更改该名称，然后单击"确定"。

③重制元件。

a. 在"库"面板中选择元件。

b. 从"库"面板的功能菜单中选择"重制"。

④更改元件的类型。

a. 在"库"中双击元件名称。

b. 选择一个不同的"元件类型"选项。

⑤在"库"面板中选择所有未使用的元件。

从"库"面板的功能菜单中选择"选择未用项目"。

⑥删除元件。

a. 在"库"面板中选择元件。

b. 从"库"面板的功能菜单中选择"删除"。

c. 单击"删除"。

该元件及其所有实例随即被删除。

2. 按钮

（1）新建按钮

新建按钮元件的方法与新建其他元件的方法是一样的，只是在"元件属性"对话框（如图 3-47 所示）中，要将元件的类型设为"按钮"，设置好按钮元件的名称后，单击"确定"按钮确认。

除了可以用新建元件的方创建按钮外，还可以直接创建一个按钮。方法是在画布空白处单击鼠标右键，在弹出的快捷菜单中选择"插入新按钮…"命令。也可以执行"编辑/插入/

新建按钮……"命令。

（2）编辑按钮

按钮有四种不同的状态。这四种状态表示该按钮在响应各种鼠标事件时的外观：

"释放"状态是按钮的默认外观或静止时的外观。

"滑过"状态是当指针滑过按钮时该按钮的外观。此状态提醒用户单击鼠标时很可能会引发一个动作。

"按下"状态表示单击后的按钮。按钮的凹下图像通常用于表示按钮已按下。此按钮状态通常在多按钮导航栏上表示当前网页。

"按下时滑过"状态是在用户将指针滑过处于"按下"状态时按钮的外观。此按钮状态通常表明指针正位于多按钮导航栏中当前网页的按钮上方。

编辑按钮时首先要编辑按钮的四个状态。利用按钮编辑器，可以创建所有这些不同的按钮状态以及用来触发按钮动作的区域。

编辑按钮的步骤如下：

①当确认创建一个新按钮时，便会进入按钮编辑窗口，要求读者编辑以上四种状态，如图 3-49 所示。在窗口中有五个选项卡，分别设置按钮四种状态和按钮对鼠标反应区域。

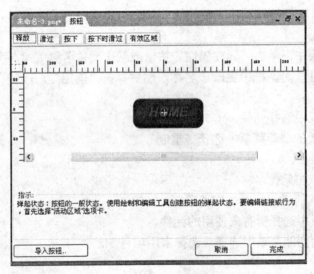

图 3-49　按钮编辑窗口

②制作一个"释放"状态的按钮。

③编辑完成"释放"状态后，转到"滑过"选项卡，进入"滑过"状态编辑。在网页中，"滑过"状态按钮通常与"释放"状态按钮的外形相同，只要改变一下颜色。这时可单击"复制弹起时的图形"按钮，将"释放"状态按钮复制过来，再改变按钮图形和文字的颜色，如图 3-50 所示。

④按与③类似的方法，编辑"按下"和"按下时经过"状态按钮。只是"按下"状态按钮通常被制作成凹陷的效果。实现凹陷的方法是，单击"属性"检查器的"添加动态滤镜和选择预设"按钮，选择"斜角与浮雕"的"内斜角"选项，如图 3-51 所示，在设置内斜角参数界面中，将"按钮预设"设置为"凹入"，如图 3-52 所示。

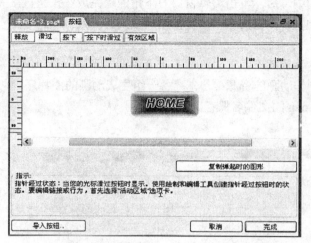

图 3-50　编辑按钮"滑过"的状态

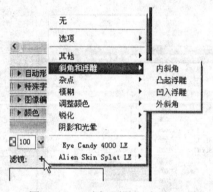

图 3-51　"选择预设"选项

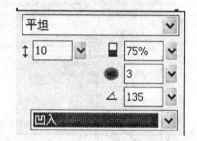

图 3-52　"内斜角"参数界面

⑤转到"有效区域"选项卡，在窗口左上角有一个"自动设置活动区域"复选框，选中该复选框后，有效区域将自动设置为画布中有图形存在的区域。

如果取消对"自动设置活动区域"复选框的选择，那么可以自行设置有效区域，只要用切片工具拖出一个矩形区域即可。

⑥选择有效区域的切片，可以在"属性"检查器中设置按钮的链接属性（如图 3-53 所示），在"链接"下拉列表框中输入 URL 地址；在"替代"文本框中输入按钮的说明文字；这样将光标移到有效区域时，将出现这些文字；在"目标"下拉列表框中选择链接打开的位置。

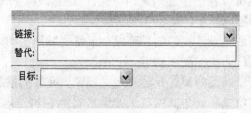

图 3-53　设置按钮的链接属性

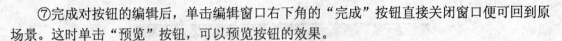

⑦完成对按钮的编辑后，单击编辑窗口右下角的"完成"按钮直接关闭窗口便可回到原场景。这时单击"预览"按钮，可以预览按钮的效果。

3. 简单动画

制作简单动画的步骤如下：

步骤一：准备制作动画的资源：首先准备一组生成动画的图片序列，如图 3-54 所示。它们分别以 b1.png~b8.png 的文件名保存。

| b1.png | b2.png | b3.png | b4.png | b5.png | b6.png | b7.png | b8.png |

图 3-54

步骤二：打开多个文件生成动画：选择"文件/打开"命令，在弹出的"打开"对话框中按住 Shift(Ctrl)键选取连续（相间）的多个文件，选中"以动画打开"的复选框，并单击"确定"按钮，如图 3-55 所示。

图 3-55 "打开"对话框

经过上述操作，Fireworks 在一个新的文档中打开这些文件，并按照选择它们时的顺序将每一个文件分别放到一个独立帧中，如图 3-56 所示。

这样，动画的制作基本完成。我们随时可以在工作区域预览动画效果，也可以在浏览器中预览优化后的效果。优化面板如图 3-57 所示。

如果要在工作区域预览动画效果，只要利用文档窗口底部的播放控制器便可实现。

如果要在浏览器中预览动画效果，则可以使用"文件/在浏览器中预览/在 iexplore.exe 中预览"命令，或者直接按 F12 快捷键预览优化后的动画效果。

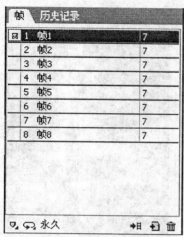

图 3-56　"帧"在板

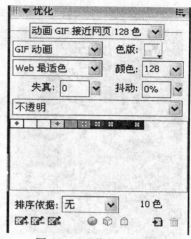

图 3-57　"优化"面板

3.3　图像处理

　　Firework 8 具有丰富的图像艺术处理手段，不仅能用传统的工具进行绘画和上色、改变像素的颜色，而且能用滤镜和样式等对图像修正和增强，使图像产生独特的效果。

3.3.1　图像选择修饰

1. 选择像素

　　为了实现对图像进行准确的编辑的目的，需要将编辑范围限制在特定的区域内。位图选择工具可以帮助我们实现将编辑范围限制在图像的特定区域内。使用位图选择工具绘制了选区选取框后，可以移动选区、向选区添加内容或在其上绘制另一个选区。可以编辑选区内的像素、向像素应用滤镜或者擦除像素而不影响选区外的像素。也可以创建一个可以编辑、移动、剪切或复制的浮动像素选区。工具箱中包含以下位图选择工具（如图 3-58 所示）：

　　"选取框"工具：在图像中选择一个矩形像素区域。

　　"椭圆选取框"工具：在图像中选择一个椭圆形像素区域。

　　"套索"工具：在图像中选择一个自由形状像素区域。

　　"多边形套索"工具：在图像中选择一个直边的自由形状像素区域。

　　"魔术棒"工具：在图像中选择一个像素颜色相似的区域。

　　（1）矩形和椭圆形选区

　　使用"选取框"工具或"椭圆选取框"工具能在位图中选中一个矩形或椭圆形的区域。其操作步骤如下：

　　①在工具箱中选择"选取框"工具或"椭圆选取框"工具。

　　②移动鼠标到位图上，在要选择区域的开始处按下鼠标左键，拖曳出一个选择区域后松开鼠标，选择区域便建立如图 3-58 和图 3-59 所示。

　　此时的"属性"检查器会显示"选取框"工具或"椭圆选取框"工具的有关选项。

　　●"样式"定义选择区域的形状和比例。它有三个选择支：

　　"正常"：可以创建一个高度和宽度互不相关的选取框。

图 3-58　矩形选区　　　　　　　　图 3-59　椭圆形选区

"固定比例"：将高度和宽度约束为已定义的比例。

"固定大小"：将高度和宽度设置为已定义的尺寸，单位为像素。

● "边缘"定义选择区域边缘的状况。它也有三个选择支：

"实边"：创建在曲线中会出现锯齿边缘的选取框。

"消除锯齿"：防止选取框中出现锯齿边缘。

"羽化"：可以柔化像素选区的边缘，按设置的羽化量值对边缘产生羽化效果。

● "动态选取框"框：允许实时调整选取框边缘及羽化总量的设置。

注意："魔术棒"工具没有"样式"设置，但可进行"容差"设置。

● "容差"表示用魔术棒单击一个像素时所选的颜色色调容许的偏差范围。容差值越大，在同一文档中将被选中的区域也会越大。

（2）自由形状选区

"套索"工具和"多边形套索"工具用来产生自由形状选区。类似于自由绘画，不大好控制，所以效果并不理想，只有细心，才能获得满意度较高的效果。

用"套索"工具建立自由选区的步骤如下：

①在工具箱中选择"套索"工具。

②移动鼠标到位图上，在要选择区域的开始处按下鼠标左键拖曳，拖曳轨迹会以蓝色线条显示。

③当鼠标移至起点附近时，指针右下角会出现一个实心小方块，松开鼠标，选择区域便建立，如图 3-60 所示。

如果在回到起点之前就松开鼠标，则会在起点和结束点之间建立直线连接，建立选择区域。

"多边形套索"工具和"套索"工具的使用方法类似，只是在转折处要单击鼠标，想在未回到起点时建立与起点连线封闭的选区要双击鼠标，在回到起点时建立封闭的选区要在指针右下角会出现一个实心小方块时单击鼠标。

为了使选区更加精确，可以先用视图"缩放"工具将位图放大若干倍，再进行选取。

（3）色域选区

"魔术棒"工具可用来选择颜色相似的区域。对于图像中一定范围内的颜色，都可以使用"魔术棒"工具来生成色域选区。具体操作方法如下：

①在工具箱中选择"魔术棒"工具。

②移动鼠标到位图上，在要建立选取区的颜色处单击鼠标，图像中在颜色范围内的区域构成的色域选区便被选取，如图 3-61 所示。

图 3-60 自由形状选区

图 3-61 色域选区

对于前面介绍的五种工具的任何工具建立的选区，利用"选择/选择相似"命令都可以把在选区颜色范围内的像素全部选中。将光标放在选区中拖曳鼠标能将选区进行移动。

注意：若要调整"选择相似"命令的容差，请选择魔术棒工具，然后在"属性"检查器中更改"容差"设置后再使用该命令。还可以选择"动态选取框"框，以便在使用"魔术棒"工具时可以更改"容差"设置。

2. 调整选区

用任何位图选择工具建立了选区后，可以用同一工具或另一个位图选择工具调整选区。

（1）添加选区

按住 Shift 键并绘制新的选区，可以将新旧选区合并为选区。

（2）减去选区

按住 Alt 键并绘制新的选区，可以从旧选区中去除新的选区也包含的区域新为作为选区。

（3）交叉选区

按住 Alt+Shift 键并绘制新的选区，可以将新旧选区的公共部分作为选区。

（4）反选选区

执行"选择/反选"命令，可以将位图中执行命令前未被选中的部分作为选区。

（5）扩展选区

执行"选择/扩展选取框…"命令，在"扩展选取框"对话框中输入扩展像素值，并击"确定"按钮，原选区会被扩展。

（6）收缩选区

执行"选择/收缩选取框…"命令，在"收缩选取框"对话框中输入收缩像素值，并击"确定"按钮，原选区会被收缩。

（7）羽化选区

执行"选择/羽化"命令，在"羽化"对话框中输入羽化量，并击"确定"按钮，原选区会被羽化。

（8）取消选区

按 Esc 键或者按 Ctrl+D 组合键或者执行"选择/取消选择"命令。

3. 修饰位图

Fireworks 提供了广泛的工具来帮助修饰图像。可以改变图像的大小，减弱或突出其焦点，或者将图像的局部复制并"压印"到另一区域。

"橡皮图章"工具：把图像的一个区域复制或克隆到另一个区域。

"替换颜色"工具：用另一种颜色在一种颜色上绘画。

"红眼消除"工具：去除照片中出现的红眼。

"模糊"工具：减弱图像中所选区域的焦点。

"锐化"工具：锐化图像中的区域。

"减淡"工具：加亮图像中的部分区域。

"烙印"工具：加深图像中的部分区域。

"涂抹"工具：拾取颜色并在图像中沿拖动的方向推移该颜色。

（1）克隆像素

"橡皮图章"工具可以克隆位图图像的部分区域，以便可以将其压印到图像中的其他区域。当要修复有划痕的照片或去除图像上的灰尘时，克隆像素很有用。可以复制照片的某一像素区域，然后用克隆的区域替代有划痕或灰尘的点。

使用"橡皮图章"工具克隆位图图像的部分区域的步骤如下：

①在工具箱中选择"橡皮图章"工具。

②将鼠标移到文档中，鼠标指针会变成一个取样标志，如图 3-62 所示。单击某一区域将其指定为源（即要克隆的区域），如图 3-63 所示。

③在需要绘制的地方按下鼠标左键拖动，开始绘制，如图 3-64 所示。

  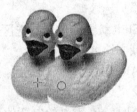

图 3-62　取样标志　　　　图 3-63　图像取样点　　　　图 3-64　复制图像

"属性"检查器中"橡皮图章"工具有关属性选项：

● 大小：确定图章的大小。

● 边缘：确定笔触的柔和度（100%为硬；0%为软）。

● 按源对齐复选框：影响取样操作。当选中"按源对齐"后，取样点会随鼠标移动而移动。

● 使用整个文档：从所有层上的所有对象中取样。当取消选择此选项后，"橡皮图章"

工具只从活动对象中取样。

● 不透明度：确定透过笔触可以看到多少背景。

● 混合模式：影响克隆图像对背景的影响。

如果要复制像素选区，可以使用"部分选定"工具拖动像素选区或者按住 Alt 键并使用"指针"工具拖动像素选区。

（2）替换颜色

Fireworks 提供了两种不同的方式用一种颜色替换另一种颜色。可以在颜色样本中替换已经指定的颜色，或通过使用"替换颜色"工具直接在图像上替换颜色。

使用"替换颜色"工具可以将图像中原有颜色用另外一种颜色替换，如图 3-65 所示。具体步骤如下：

①在工具箱中选择"替换颜色"工具。

②在"属性"检查器的"源色"框中，单击"样本"，并在"源色"样本面板选择颜色，或者在图像中选取颜色。

③单击"属性"检查器中的"替换色"样本面板选择颜色作为要替换的颜色。

④在要替换颜色的图像上按下鼠标左键拖动，完成替换。

图 3-65　替换颜色前后图

"属性"检查器中"替换颜色"工具主属性选项：

● 形状：设置圆形或方形刷子笔尖形状。

● 容差：确定要替换的颜色范围（0 表示只替换"替换色"颜色；255 表示替换所有与"替换色"颜色相似的颜色）。

● 强度：确定将替换多少"更改"颜色。

● 彩色化：用"替换色"颜色替换"更改"颜色。取消选择"彩色化"可以用"更改"颜色对"源色"颜色进行涂染，并保持一部分"更改"颜色不变。

● 从样本或"图像"和终止：中分别设置要替换和替换后的颜色。

（3）消除红眼

在一些照片中，主体的瞳孔是不自然的红色阴影。使用"红眼消除"工具矫正此红眼效应。"红眼消除"工具仅对照片的红色区域进行快速绘画处理，并用灰色和黑色替换红色，如图 3-66 所示。具体操作步骤如下：

①在工具箱中选择"红眼消除"工具。

②在"属性"检查器中，设置容差和强度。

③在要消除红眼的图像部分按下鼠标左键拖动产生一个红色覆盖区域，完成红眼消除。

图 3-66 消除红眼前后图

（4）模糊、锐化和涂抹像素

"模糊"工具和"锐化"工具影响像素的焦点。"模糊"工具通过有选择地模糊元素的焦点来强化或弱化图像的局部区域，其方式与摄影师控制景深的方式很相似。其作用是使鼠标绘制处的图案效果变模糊。"锐化"工具对于修复扫描问题或聚焦不准的照片很有用。其作用是使鼠标绘制处的图案效果变清晰。而"涂抹"工具可以使创建图像倒影时那样将逐渐颜色混合起来。其作用是使鼠标按下处的颜色涂抹到其他位置。

要模糊或锐化图像，应先选择"模糊"工具或"锐化"工具，再在"属性"检查器中设置大小、边缘、形状、强度等属性，然后在要锐化或模糊的像素上拖动鼠标。拖动鼠标时按下 Alt 键可以实现模糊与锐化的临时切换。

要在图像中涂抹颜色，应先选择"涂抹"工具，再在"属性"检查器中设置大小、边缘、形状、压力、涂抹色、使用整个文档等属性，然后在要涂抹的像素上拖动鼠标。

（5）减淡和加深像素

使用"减淡"或"烙印"工具可以分别减淡或加深图像的局部。这类似于洗印照片时增加或减少曝光量的暗室技术。

要减淡或加深图像的局部，应先选择"减淡"工具或"烙印"工具，再在"属性"检查器中设置大小、边缘、形状、曝光、范围（阴影、高亮和中间色调）等属性，然后在要减淡或加深的部分上拖动鼠标。拖动鼠标时按下 Alt 键可以实现减淡与烙印的临时切换。

（6）裁剪所选位图

我们可以从 Fireworks 文档中裁剪出一个矩形部分位图图像。操作步骤如下：

①选择位图对象，方法是单击画布上的对象或单击它在"层"面板上的缩略图，或使用位图选择工具绘制一个选取框。

②选择"编辑/裁剪所选位图"的命令。裁剪手柄出现在整个所选位图的周围，如果在第

一步中绘制了选取框，则裁剪手柄出现在选取框的周围。

③调整裁剪手柄，直到定界框围在位图图像中要保留的区域周围。

④在定界框内部双击或按 Enter 键裁剪选区。

所选位图中位于定界框以外的每个像素都被删除，而文档中的其他对象被原样保留下来。

3.3.2　滤镜效果应用

滤镜可以改善并增强图像的效果。Fireworks 8 中常用滤镜包括对图像进行色阶、色调、对比度、亮度、模糊、锐化等。

1. 优化图像色彩

（1）自动色阶调整

色阶是指图像中各种颜色的灰度值的分布情况。当图片的明暗程度不合适时，通常要调整色阶。如曝光不足的照片色泽偏暗，可通过调整色阶进行修正。

"自动色阶"操作是一种折中的办法，它将文档中的颜色的灰度平均化，其中过深或过浅部分会被弱化。使用"自动色阶"的方法如下：

①选择要调整的图像；

②执行"滤镜/调整颜色/自动色阶"命令，或者单击"属性"检查器的"添加动态滤镜"按钮并从弹出的菜单中选择"调整颜色/自动色阶"命令。

提示：通过单击"色阶"或"曲线"对话框中的"自动"按钮，也可以自动调整高亮、中间色调和阴影。

（2）色阶调整

"色阶"功能可以校正像素高度集中在高亮、中间色调或阴影部分的位图。利用它，我们能手动控制，根据预览的结果直观地进行色阶效果的调整。使用方法如下：

①选择位图图像。

②执行"滤镜/调整颜色/色阶…"命令，或者单击"属性"检查器中"添加动态滤镜"按钮并从弹出的菜单中选择"调整颜色/色阶…"，打开"色阶"对话框如图 3-67 所示。

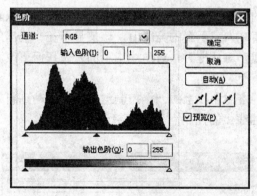

图 3-67　"色阶"对话框

③选择通道，拖动滑块进行色阶调整。

在对话框的最上部，可以选择是对个别颜色通道（红、蓝或绿）还是对所有颜色通道

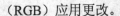
（RGB）应用更改。

在"色调分布图"下拖动"输入色阶"滑块，调整高亮、中间色调和阴影：右边的滑块调整高亮，中间的滑块调整中间色调，左边的滑块调整阴影。

拖动"输出色阶"滑块调整图像的对比度值： 右边的滑块调整高亮；左边的滑块调整阴影。

④单击"确定"按钮，完成色阶调整。

（3）使用曲线

"曲线"功能同"色阶"功能相似，只是它对色调范围的控制更精确一些。"色阶"利用高亮、中间色调和阴影来校正色调范围；而"曲线"则可在不影响其他颜色的情况下，在色调范围内调整任何颜色。"曲线"使用方法如下：

①选择位图图像。

②执行"滤镜/调整颜色/曲线…"命令，或者单击"属性"检查器中"添加动态滤镜"按钮，并从弹出的菜单中选择"调整颜色/曲线…"，打开"曲线"对话框，如图3-68所示。

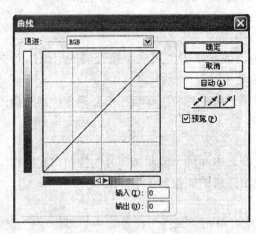
图3-68　"曲线"对话框

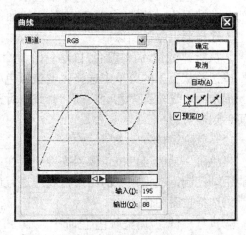
图3-69　调整曲线

"曲线"对话框中的网格阐明两种亮度值："水平轴"表示像素的原始亮度，该值显示在"输入"框中。"垂直轴"表示新的亮度值，该值显示在"输出"框中。

当第一次打开"曲线"对话框时，对角线指示尚未做任何更改，所以所有像素的输入值和输出值都是一样的。

③选择通道，单击网格对角线上的一个控制点并将其拖动到新的位置以调整曲线，如图3-69所示。如果要删除曲线上的控制点，将控制点拖离网格。

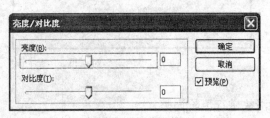
图3-70　新建文档

④单击"确定"按钮，完成色阶调整。

（4）亮度和对比度调整

"亮度/对比度"功能修改图像中像素的对比度或亮度。这将影响图像的高亮、阴影和中间色调。校正太暗或太亮的图像时通常使用"亮度/对比度"。

调整亮度或对比度的方法如下：

①选择要调整的图像。

②执行"滤镜/调整颜色/亮度/对比度…"命令，或者单击"属性"检查器的"添加动态滤镜"按钮并从弹出的菜单中选择"调整颜色/亮度/对比度…"命令。

③在打开的"亮度/对比度"对话框中，拖动鼠标可以调整亮度和对比度的值，如图 3-70 所示。

④单击"确定"按钮。

（5）色相和饱和度调整

可以使用"色相/饱和度"功能调整图像中颜色的颜色阴影、色相、强度、颜色饱和度以及亮度。

调整色相和饱和度的方法如下：

①选择要调整的图像。

②执行"滤镜/调整颜色/色相或饱和度…"命令，或者单击"属性"检查器的"添加动态滤镜"按钮并从弹出的菜单中选择"调整颜色/色相/饱和度…"命令。

③在打开的"色相/饱和度"对话框中，拖动鼠标可以调整色相、饱和度和亮度的值，如图 3-71 所示。如果选择"彩色化"复选框，RGB 图像将转化为双色图像或将颜色添加到灰度图像。

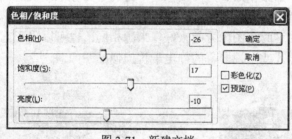

图 3-71　新建文档

④单击"确定"按钮。

2. 对图像进行模糊处理

模糊处理可柔化位图图像的外观。Fireworks 提供了以下六种模糊选项：

模糊：柔化所选像素的焦点。

进一步模糊：模糊处理效果大约是"模糊"的三倍。

高斯模糊：对每个像素应用加权平均模糊处理以产生朦胧效果。

运动模糊：产生图像正在运动的视觉效果。

放射状模糊：产生图像正在旋转的视觉效果。

缩放模糊：产生图像正在朝向观察者或远离观察者移动的视觉效果。

对图像进行模糊处理的方法如下：

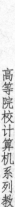

①选择位图图像。

②执行"滤镜/模糊"下的相应模糊方式命令，或者单击"属性"检查器中"添加动态滤镜"按钮，并从弹出的菜单中选择"模糊"下的相应模糊方式命令，必要时进行相应的模糊参数设置。

③单击"确定"按钮，完成模糊处理。

3. 对图像进行锐化处理

可以使用"锐化"功能校正模糊的图像。Fireworks 提供了以下三种"锐化"选项：

"锐化"：通过增大邻近像素的对比度，对模糊图像的焦点进行调整。

"进一步锐化"：将邻近像素的对比度增大到"锐化"的大约三倍。

"钝化蒙版"：通过调整像素边缘的对比度来锐化图像。该选项提供了最多的控制，因此它通常是锐化图像时的最佳选择。

对图像进行锐化处理的方法如下：

①选择位图图像。

②执行"滤镜/锐化"下的相应模糊方式命令，或者单击"属性"检查器中"添加动态滤镜"按钮，并从弹出的菜单中选择"锐化"下的相应锐化方式命令，必要时进行相应的锐化参数设置。

③单击"确定"按钮，完成锐化处理。

4. 向图像中添加杂点

大多数从数码相机和扫描仪中获得的图像的颜色在高放大比率下查看时都不十分均匀。相反，看到的颜色是由许多不同颜色的像素组成的。在图像编辑中，"杂点"是指组成图像的像素中随机出现的异种颜色。如图 3-72 所示。

当将某个图像的一部分粘贴到另一图像时，这两个图像中随机出现的异种颜色的数量差异就会表现出来，从而使两个图像不能顺利地混合。在这种情况下，可以在一个图像和/或两个图像中添加杂点，使这两个图像看起来好像来源相同。也可以出于艺术原因向图像中添加杂点，制作出模仿旧照片或电视屏幕的静电干扰类似的图像。

图 3-72　添加杂点前后图

向图像中添加杂点的方法如下：

①选择位图图像。

②执行"滤镜/杂点／新增杂点…"命令，或者单击"属性"检查器中"添加动态滤镜"

按钮，并从弹出的菜单中选择"杂点／新增杂点…"命令，打开"新增杂点"对话框。

③在对话框中，拖动"数量"下拉列表设置杂点数量，选中"颜色"复选框以应用彩色杂点。如果不选中该复选框，则只会应用单色杂点。

④单击"确定"按钮，完成添加杂点处理。

5. 将图像转换成透明

可以使用"转换为 Alpha"滤镜，基于图像的透明度将对象或文本转换成透明。

如果要将"转换为 Alpha"滤镜应用于所选区域，可以执行"滤镜/其他/转换为 Alpha"命令，或者单击在"属性"检查器中"添加动态滤镜"按钮，在弹出菜单中选择"其他/转换为 Alpha"。

3.3.3 特效与样式使用

1. 使用特效

可以使用"属性"检查器将一个或多个特效应用于所选对象。使用"选择预设"选项中的"斜角与浮雕"和"阴影和光晕"都能产生特殊的效果。每次给对象添加特效都会被列在特效列表中。

（1）斜角与浮雕

斜角特效主要产生一种边缘斜面突出效果，它包括内斜角和外斜角两种。内斜角是以原对象的边缘向内产生斜面特效，而外斜角是以原对象的边缘向外产生斜面特效。浮雕特效主要产生一种凹凸效果，它包括凹入浮雕和凸起浮雕两种。在使用时只要在"属性"检查器中单击"添加动态滤镜和选择预设"按钮，在弹出的菜单中选择"斜角与浮雕"选项，再在子菜单中选择相应的特效，在对话框中进行相应的设置，完成后，在窗口外单击或按 Enter 键关闭窗口即可。

浮雕特效可以使图片对象或文本产生凹入画布或从画布凸起的视觉效果，它包括凹入浮雕和凸起浮雕两种。

（2）阴影和光晕

使用 Fireworks 可以很容易地将纯色阴影、投影、内侧阴影和光晕应用于对象。可以指定阴影的角度以模拟照射在对象上的光线角度。在使用时只要在"属性"检查器中单击"添加动态滤镜和选择预设"按钮，在弹出的菜单中选择"阴影和光晕"选项，再在子菜单中选择相应的特效，在对话框中进行相应的设置，完成后，在窗口外单击或按 Enter 键关闭窗口即可。

（3）用命令产生特效

使用 Fireworks 的"命令/创意"的子菜单项也可以产生一些特效。如图像渐隐、螺旋式渐隐等。

2. 使用样式

样式是对象一系列属性的集合，使用"样式"可以使多个对象运用相同的笔触、填充、特效等属性，对于文本对象，还包括字体、字号等属性。

可以用"样式"面板创建样式、存储样式和将样式应用于对象和文本。将样式应用于对象后，便可在不影响原始对象的

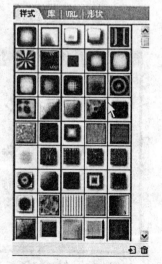

图 3-73 "样式"面板

前提下更新该样式。Fireworks 不跟踪将哪个样式应用于对象。自定义样式一经删除，便无法恢复；但是，当前使用该样式的任何对象仍会保留其属性。如果删除的是 Fireworks 提供的样式，则可以通过"样式"面板"选项"菜单中的"重设样式"命令，将该样式和所有其他被删除的样式恢复。然而，重设样式时还会删除自定义样式。

使用样式的步骤如下：

（1）选择对象或文本块。

（2）执行"窗口/样式"命令打开"样式"面板，如图 3-73 所示。

（3）单击"样式"面板中的样式。

3.3.4　图像合成

优秀的作品是很难几笔就可以创作出来的，往往有非常多且复杂的对象，这时，只有通过对对象进行合理组织合成，才能构造出好的图像作品。

1. 对象次序调整

在工作区中，对象是按垂直屏幕方向依绘制先后的顺序堆叠出来的。即最先创建的对象位于所有堆叠对象的最后面（下面），而最后创建的对象位于所有堆叠对象的最前面（上面）。当然，通过层面板（3.2.3 中已作介绍）或执行"修改/排列"命令可以改变对象的堆叠次序。

其中，"移至最前"代表移到顶层，"上移一层"代表往上移一层，"下移一层"代表往下移一层，"移至最后"代表移到底层。如图 3-74 所示的是调整堆叠次序前后的对比图像。

图 3-74　调整堆叠次序前后图像

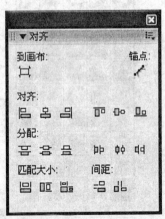

图 3-75　"对齐"面板

2. 对象的对齐

"修改/对齐"命令提供了左对齐、垂直居中、右对齐、顶对齐，水平居中、底对齐、均分宽度和均分高度等对齐选项。使用这些选项可以实现以下效果：

①沿水平方向轴或垂直轴对齐对象。

②沿右边缘、中心、左边缘垂直对齐对象，沿上边缘、中心、下边缘水平对齐对象。所谓边缘由包围所有所选对象的定界框来决定。

③均分所选对象使它们的中心或边缘距离相等。

此外，所有对象的对齐功能均可在"对齐"面板（如图 3-75 所示）中实现。方法是：先选中已建立的多个对象，再执行"窗口/对齐"命令，打开"对齐"面板，再单击对齐方式即可。

在"对齐"面板中有四个选择区域：对齐、分配、匹配大小和间距。它们的功能如下：

①对齐：从左到右六个按钮依次用来规定以所选对象中的左边、水平中间、右边、顶部、垂直中间、底部对象作基准进行对齐。

②分配：从左到右六个按钮用来规定所选对象按照中心间距或边缘间距相等的方式进行分布，依次为沿顶边、垂直中间、沿底边、沿左侧、水平中暗、沿右侧。

③匹配大小：从左到右三个按钮可以将形状和大小各异的对象分别在宽度、高度和宽高两个方向统一，统一的标准是以最大者为基准。

④间距：从左到右两个按钮分别可以使对象之间的水增间距、竖直间距相同。

此外，如果单击对齐面板左上角的"到画布"的按钮，那么所有方式的对齐基准都是整个画布的四条边。如果单击对齐面板右上角"锚点"按钮，则可针对对象不同位置上的锚点做不同形式的对齐。

3. 对象的组合

组合对象完全是为了操作方便，组合后的各对象可以一起被选取、移动、缩放等。这样对对象进行编辑时可以节省不少时间，提高工作效率。在制作复杂的图像时，经常用到对象的组合操作。组合对象的方法是：首先选中要组合的对象，再执行"修改/组合"命令即可完成组合。

如果要对组合了的对象进行单独的操作，也可以将组合了的对象分离出来，也即解组对象。解组对象的方法是：首先选中已组合的对象，再执行"修改/取消组合"命令即可完成解组。

4. 图像混合模式

"混合"是改变两个或更多重叠对象的透明度或颜色相互作用的过程。在 Fireworks 中，使用混合模式可以创建复合图像。混合模式还增加了一种控制对象和图像的不透明度的方法。

（1）混合模式

选择混合模式后，Fireworks 会将它应用于所有所选的对象。单个文档或单个层中的对象可以具有与该文档或该层中其他对象不同的混合模式。

当具有不同混合模式的对象组合在一起时，组的混合模式优先于单个对象的混合模式。取消组合对象会恢复每个对象各自的混合模式。

注意：层混合模式不能在元件文档中使用。

混合模式包含下列元素：

①"混合颜色"是应用混合模式的颜色。

②"不透明度"是应用混合模式的透明度。

③"基准颜色"是混合颜色下的像素颜色。

④"结果颜色"是对基准颜色应用混合模式的效果所产生的结果。

以下是 Fireworks 中的一些常用的混合模式：

"正常"不应用任何混合模式。

"色彩增值"用混合颜色乘以基准颜色，从而产生较暗的颜色。

"屏幕"用基准颜色乘以混合颜色的反色，从而产生漂白效果。

"变暗"选择混合颜色和基准颜色中较暗的那个作为结果颜色。这将只替换比混合颜色亮的像素。

"变亮"选择混合颜色和基准颜色中较亮的那个作为结果颜色。这将只替换比混合颜色暗的像素。

"差异"从基准颜色中去除混合颜色或者从混合颜色中去除基准颜色。从亮度较高的颜色中去除亮度较低的颜色。

"色相"将混合颜色的色相值与基准颜色的亮度和饱和度合并以生成结果颜色。

"饱和度"将混合颜色的饱和度与基准颜色的亮度和色相合并以生成结果颜色。

"颜色"将混合颜色的色相和饱和度与基准颜色的亮度合并以生成结果颜色，同时保留给单色图像上色和给彩色图像着色的灰度级。

"发光度"将混合颜色的亮度与基准颜色的色相和饱和度合并。

"反转"反转基准颜色。

"色调"向基准颜色中添加灰色。

"擦除"删除所有基准颜色像素，包括背景图像中的像素。

（2）应用混合模式和调整不透明度

可以使用"属性"检查器或"层"面板对所选对象应用混合模式和调整不透明度。"不透明度"设置为 100 会将对象渲染为完全不透明。设置为 0（零）会将对象渲染为完全透明。

还可以在绘制对象之前指定混合模式和不透明度。

在绘制对象之前指定混合模式和不透明度的方法是，在当工具箱中选定了所需的绘图工具，在绘制对象之前在"属性"检查器中设置混合和不透明度选项。

注意：混合和不透明度选项并不是对所有工具都可用。

值得指出的是，由于是对工具进行的混合模式和不透明度的设置，因此，选择的混合模式和不透明度将用做此后用该工具绘制的所有对象的默认值。

5. 切片和热区设置

使用"切片"和"热点"工具可以使大图分割成小图，使网页下载速度加快，还可以制作热点网页地图。

（1）"切片"工具的使用

在工具箱中单击"切片"工具后，在图片上拖曳鼠标就能分割图片。图 3-76 就是将一张大图分割成小图后的效果。可以看到，分割后的每一部分都被透明的绿色（可在"属性"检查器改变颜色）所覆盖，这表明该部分为切片。

在分割图片时，如果图片的区域未被分割成切片，在输出图像时，该部分仍会被输出。例如，我们只在图片的中间切下一片切片，在输出图片时，会被默认地输出五个部分，因为图片被切片的边缘分成了五个部分，如图 3-77 所示。

（2）"多边形切片"工具的使用

"多边形切片"工具可以切割出复杂形状的切片。

"多边形切片"工具的使用类似于"钢笔"工具，每当在图像上单击一下便会输出一个节点。最后返回最初节点单击，即可封闭切片区域，如图 3-78 所示。

（3）切片属性的设置

用指针工具选定了切片后，在"属性"检查器中便可以进行属性设置：

①链接：输入链接地址建立超链接。

②替代：输入替代文字，在图片无法下载时便用文字替代。

③目标：填入超链接文档打开的目标，其中"_blank"代表在新窗口中打开；"_self"代

图 3-76　分割后的图片　　　图 3-77　一块切片分割的图像　　　图 3-78　多边形切片

表在原窗口中打开（默认时的状态）；"_parent"代表在父窗口中打开。

（4）热点工具的使用

假如在某个网页中的一幅图片，只有一部分区域具有超链接功能，或者不同的部分有不同的超链接，而图片本身不允许被分割开，如电子地图，我们很自然会想到热点区域。

在工具箱中共有三种热点工具："矩形热点"工具、"椭圆形热点"工具和"多边形热点"工具。使用"矩形热点"工具或"椭圆形热点"工具在图形上拖曳鼠标，即可建立矩形或椭圆形热点区域，与使用"多边形切片"工具一样的方法使用"多边形热点"工具可建立多边形热点区域。

同样，与切片属性的设置方法相同可以设置热点区域的属性。

3.4　图像的优化与导出

网页图像设计的最终目标是创建能够尽可能快地下载的精美图像。为此，必须在最大限度地保持图像品质的同时，选择压缩质量最高的文件格式。这种平衡就是优化，即寻找颜色、压缩和品质的最佳组合。优化是为导出作准备。

3.4.1　图像的优化

对图像进行优化，可以在优化面板中进行，如图 3-57 所示。

在优化面板中可以设置导出文件的格式，还可以针对不同的文件类型进行图像优化。

在优化的同时，单击文档窗口的"预览"按钮，便可在左下角看到当前优化设置下的导出文件的大小，以及在 Web 上下载并显示此图像需要的大概时间。

单击"2 幅"或"4 幅"时，将同时显示原图像和优化后的图像的效果，其中 4 幅的预览可以同时显示三种优化方案，以便于原图像与其他优化方案比较，如图 3-79 所示。

执行"文件/图像预览"命令也可以对图像进行优化，在优化的同时可以看到导出文件的预览效果。

1. 文件格式的选择

为了以最佳的方式优化导出，应当选择最合适的文件格式。选择文件格式时应基于图形的设计和用途来考虑。图形的外观会因格式而异，尤其是当使用不同的压缩类型时。另外，大多数网页浏览器只接受特定的图形文件类型。还有其他一些文件类型适合于印刷出版或用于多媒体应用程序。

图 3-79　2 幅和 4 幅预览

可用的文件类型如下：

（1）GIF

GIF 是 Graphics Interchange Format 的缩写，即"图形交换格式"，是一种很流行的网页图形格式。GIF 中最多包含 256 种颜色。GIF 还可以包含一块透明区域和多个动画帧。在导出为 GIF 格式时，包含纯色区域的图像的压缩质量最好。GIF 通常适合于卡通、徽标、包含透明区域的图形以及动画。

（2）JPEG

是由 Joint Photographic Experts Group（联合图像专家组）专门为照片或增强色图像开发的。JPEG 支持数百万种颜色（24 位）。JPEG 格式最适合于扫描的照片、使用纹理的图像、具有渐变颜色过渡的图像和任何需要 256 种以上颜色的图像。

（3）PNG

PNG 是 Portable Network Graphic 的缩写，即"可移植网络图形"，是一种通用的网页图形格式。但是，并非所有的网页浏览器都能查看 PNG 图形。PNG 最多可以支持 32 位的颜色，可以包含透明度或 Alpha 通道，并且可以是连续的。PNG 是 Fireworks 的本身文件格式。但是，Fireworks PNG 文件包含应用程序特定的附加信息，导出的 PNG 文件或在其他应用程序中创建的文件中不存储这些信息。

注意：Fireworks PNG 是 Fireworks 固有的文件格式，并不是这里的 PNG 图像，Fireworks PNG 含有应用程序的特定信息。导出后的 PNG 文件或者其他应用程序创建的 PNG 文件中不包含这些信息。

（4）WBMP

即"无线位图"，是一种为移动计算设备（如手机和 PDA）创建的图形格式。此格式用在"无线应用协议"（WAP）网页上。WBMP 是 1 位格式，因此只有黑与白两种颜色可见。

（5）TIFF

即标签图像文件格式，是一种用于存储位图图像的图形格式。TIFF 常用于印刷出版。许多多媒体应用程序也接受导入的 TIFF 图形。

（6）BMP

即 Microsoft Windows 图形文件格式，是一种常见的文件格式，用于显示位图图像。BMP 主要用在 Windows 操作系统上。许多应用程序都可以导入 BMP 图像。

（7）PICT

由 Apple Computer 开发，是一种常用在 Macintosh 操作系统上的图形文件格式。大多数 Mac 应用程序都能够导入 PICT 图像。

Fireworks 8 中的每种文件都有一组优化选项。通常情况下，只有 8 位文件类型提供大量的优化控制。

2. 使用优化设置

可以从"属性"检查器或"优化"面板中的常用优化设置中选择，以快速设置文件格式并应用一些格式特定的设置。如果从"属性"检查器的"默认"导出选项弹出菜单中选择了一个选项，则会自动设置"优化"面板中的其他选项。如果需要，可以进一步分别调整每个选项。

如果需要的自定义优化控制超出了预设选项所提供的控制，则可以在"优化"面板中创建自定义优化设置，还可以用"优化"面板中的颜色表来修改图形的调色板。

（1）使用预设的优化方式

从"属性"检查器或"优化"面板的"保存的设置"下拉列表中选择一种预设的优化方式。

"GIF 网页 216"：强制所有颜色均为网页安全色。该调色板最多包含 216 种颜色。

"GIF 接近网页 256 色"：将非网页安全色转换为与其最接近的网页安全色。调色板最多包含 256 种颜色。

"GIF 接近网页 128 色"：将非网页安全色转换为与其最接近的网页安全色。调色板最多包含 128 种颜色。

"GIF 最合适 256"：是一个只包含图形中实际使用的颜色的调色板。调色板最多包含 256 种颜色。

"JPEG-较高品质"：将品质设为 80、平滑度设为 0，生成的图形品质较高但占用空间较大。

"JPEG-较小文件"：将品质设为 60、平滑度设为 2，生成的图形大小不到"较高品质 JPEG"的一半，但品质有所下降。

"动画 GIF 接近网页 128"：将文件格式设为"GIF 动画"，并将非网页安全色转换为与其最接近的网页安全色。调色板最多包含 128 种颜色。

（2）使用自定义优化设置

使用自定义优化设置的步骤如下：

①在"优化"面板中，从"导出文件格式"下拉列表中选择一种选项。

②设置格式特定的选项，如色阶、抖动和品质。

③根据需要从"优化"面板的"选项"菜单中选择其他优化设置。

④可以命名并保存自定义优化设置。当选择切片、按钮或画布时，将在"优化"面板和

"属性"检查器的"保存的设置"的下拉列表预设优化设置中显示已保存设置的名称。

3. JPEG 选择性压缩

JPEG 选择性压缩可以以不同的级别压缩 JPEG 的不同区域。图像中引人注意的区域可以以较高品质级别压缩,而重要性较低的区域(如背景)可以以较低品质级别压缩,这样既能减小图像的大小,又能保留较重要区域的品质。JPEG 选择性压缩的步骤如下:

①选择用于压缩的图形区域。

②选择"修改 / 选择性 JPEG / 将所选保存为 JPEG 蒙版"。

③如果尚未选中"JPEG",请从"优化"面板的"导出文件格式"下拉列表中选择"JPEG"。

④在"优化"面板中单击"编辑选择性品质选项"按钮。打开"可选 JPEG 设置"对话框。

⑤选中"启动选择性品质"复选项,并在文本框中输入一个值。

输入较低的值将以高于其余图像的压缩量压缩"选择性 JPEG"区域。输入较高的值将以低于其余图像的压缩量压缩"选择性 JPEG"区域。

⑥如果需要,可以更改"选择性 JPEG"区域的"覆盖颜色"。它不会影响输出。

⑦选中"保持文本品质"复选项。无论"选择性品质"的值为多少,所有文本项都将自动以较高级别导出。

⑧选择"保持按钮品质"复选项。所有按钮元件都将自动以较高级别导出。

⑨单击"确定"按钮。

如果要修改 JPEG 选择性压缩区域,可按以下步骤执行:

①选择"修改/选择性 JPEG/将 JPEG 蒙版恢复为所选"。所选内容将以高亮显示。

②使用"选取框"工具或其他选择工具对区域的大小进行更改。

③选择"修改/选择性 JPEG/将所选保存为 JPEG 蒙版"。

④如果需要,在"优化"面板中更改选择性品质设置。

如果要撤销选择,可以执行"修改/选择性 JPEG/删除 JPEG 蒙版"命令。

3.4.2 图像的导出

1. 使用导出向导

如果对优化和导出网页图形不熟悉,可以使用"导出向导"。使用该向导可以轻松地导出图像,而无需了解优化和导出的细节。使用"导出向导"步骤如下:

①执行"文件/导出向导…"命令,可以打开"导出向导"对话框,如图 3-80 所示。

②在"导出向导"对话框中选中"目标文件导出大小"复选框后,可以在文本框中设置预备导出文件大小的数值,向导会自动选择较合理的优化方案,使导出文件尽可能接近这个数值。

③单击"继续"按钮后,向导便询问导出文件的用途,如图 3-81 所示。

④在选择用途后,并单击"继续"按钮,系统会给出"分析结果"信息,单击"退出"按钮会弹出"图像预览"对话框,如图 3-82 所示,预览导出设置结果。

2. 导出预览

当导出向导执行到第④步或执行"文件/图像预览…"命令,可以打开"图像预览"对话框,预览为当前文档设置的优化和导出选项的效果,同时还可以更改优化设置。

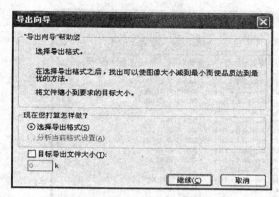

图 3-80　"导出向导"对话框

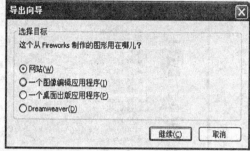

图 3-81　文件用途选项

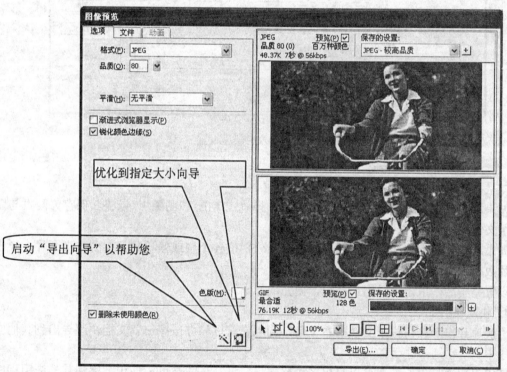

图 3-82　"图像预览"对话框

单击"启动'导出向导'以帮助您"按钮可以启动导出向导。

单击"优化到指定大小向导"按钮会弹出"优化到指定大小"对话框。

此外，还可以利用下拉的按钮来预览图像和动画效果。

3. 导出类型

执行"文件/导出…"命令，或单击"图像预览"对话框中的"导出"按钮，可以将图像导出。

在导出时可以设置目标文件为不同的文件类型，如图 3-83 所示。

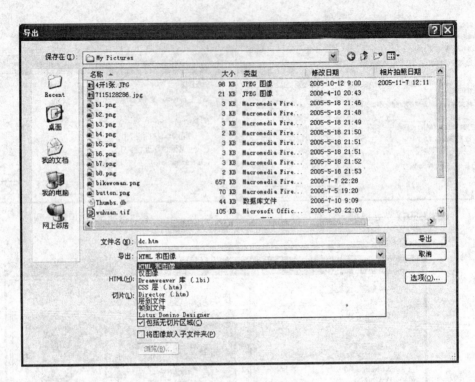

图 3-83　导出文件类型设置

如果只导出一幅图像，则选择"仅图像"。

如果原文件中含有按钮等网页元素，则选择"HTML 和图像"，以将其保存为网页与图片一组文件。

如果选择"层到文件"或"帧到文件"会分别把各个层或帧单独保存到一张图片，导出的图片数目由层或帧的数目决定。

设置完毕后，单击"导出"按钮，便完成导出。

4. 快速导出

"快速导出"按钮位于文档的右上角，利用它可以将 Fireworks 文档快速导出到其他应用程序中。

使用"快速导出"按钮可以导出多种格式，包括 Macromedia 应用程序和其他应用程序（如 Microsoft FrontPage 和 Adobe Photoshop 先进）的格式。

使用"快速导出"按钮还可以启动其他应用程序，以及在首选浏览器中预览 Fireworks 文档。通过简化导出过程，"快速导出"按钮可节省时间并改善设计工作流程。

【练习三】

1. 选择题

（1）在 Fireworks 8 中要画拖动鼠标一个圆，且将起始点设置为圆心的正确操作是（　　）。

A．在拖动鼠标的同时按住 Shift 键

B．在拖动鼠标的同时按住 Alt 键

C．在拖动鼠标的同时按住 Ctrl+Shift 键

D．在拖动鼠标的同时按住 Alt+Shift 键

（2）在 Fireworks 8 中要选择一个包含某种像素的区域，应选择使用的工具是（　　）。

A．选取框 　　　　　　　　　　B．套索

C．魔术棒 　　　　　　　　　　D．选择底层

（3）在 Fireworks 8 中使用（　　）工具可进行位图编辑模式。

A．钢笔 　　　　　　　　　　　B．直线

C．套索 　　　　　　　　　　　D．文本

（4）滤镜的添加和编辑是在（　　）进行的。

A．效果面板 　　　　　　　　　B．对象面板

C．层面板 　　　　　　　　　　D．属性检查器

（5）PNG 代表（　　）。

A．可移植的网络图形 　　　　　B．设计主页图形

C．平面图形 　　　　　　　　　D．三维图形

（6）Fireworks 8 文档窗口不具备（　　）功能。

A．图像预览 　　　　　　　　　B．图像编辑

C．动画预览 　　　　　　　　　D．导出设置

（7）在 Fireworks 8 中，如果默认画布的大小为 800×600，此时用复制命令复制一个 40×200 的对象后，再新建一个文档时，新文档的默认画布大小为（　　）。

A．800×600 　　　　　　　　　B．40×200

C．1×1 　　　　　　　　　　　D．不能确定

（8）在 Fireworks 8 中，执行"文件/保存"命令将现有文件保存的格式为（　　）。

A．PNG 　　　　　　　　　　　B．JPG

C．GIF 　　　　　　　　　　　D．PSD

（9）在 Fireworks 8 中，新建一个文档时，设置画布的颜色没有的选项是（　　）。

A．白色 　　　　　　　　　　　B．透明色

C．背景颜色 　　　　　　　　　D．自定义颜色

（10）在 Fireworks 8 中修复有划痕的照片或去掉图像上的瑕疵，最方便快捷的方法是（　　）。

A．用"橡皮图章"工具克隆某个区域来代替划痕或瑕疵

B．用"橡皮擦"工具擦掉划痕或瑕疵

C．切割有划痕或瑕疵的图片重新编辑

D．无法实现

2．填空题

（1）Fireworks 8 工具箱被分成（　　）、（　　）、（　　）、（　　）、（　　）和（　　）六个类别。

（2）Fireworks 8 工作界面主要包括（　　）、（　　）、（　　）和（　　）四部分。

3．问答题

（1）矢量图形与位图图像有什么区别？

（2）按钮包含哪几种状态？触发这几种状态的鼠标动作分别是什么？

（3）将大图切割成小图的优点是什么？切割图片的工具有哪些？

【实验三】 网页图形与图像处理实验

实验内容：

1．启动 Fireworks 8，认识界面组成。

2．练习工具箱中矢量和位图工具的使用。

3．练习图像的变形和修饰。

4．使用蒙版和颜色混合模式将两张图合并到一起。

5．使用滤镜、样式制作文字和图片特效。

6．选择一张 GIF 图和一张 JPG 图片，分别进行优化设置和导出。

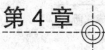

第 4 章　网站的规划与设计

【本章要点】
1. 网站的栏目规划
2. 网站的目录结构设计
3. 网站的风格设计
4. 网站的导航设计

在网站具体建设之前，需要对网站进行一系列的分析和估计，然后根据分析的结果提出合理的建设方案，这就是网站的规划与设计。规划与设计非常重要，它不仅仅是后续建设步骤的指导纲领，也是直接影响网站发布后是否能成功运行的主要因素。网站的规划与设计包括网站定位、内容收集、栏目规划、目录结构设计、网站标志设计、风格设计、导航系统设计七个方面。这一章将重点介绍网站的栏目规划、目录结构设计、风格设计和导航系统设计四个方面。

4.1　网站的栏目规划

栏目规划的主要任务是对所收集的大量内容进行有效筛选，并将它们组织成一个合理的易于理解的逻辑结构。成功的栏目规划不仅能给用户的访问带来极大的便利，帮助用户准确地了解网站所提供的内容和服务，以及快速地找到自己所感兴趣的网页，还能帮助网站管理员对网站进行更为高效的管理。在介绍如何进行栏目规划之前，我们先简单介绍一下逻辑结构基本知识。

4.1.1　逻辑结构介绍

不同网页之间通常具有一定的逻辑关系，比如先后关系、包含关系、并列关系等，多个网页按照它们之间的逻辑关系组织在一起就形成了各种逻辑结构。在现在的网站中，最常见的逻辑结构就是层次型结构，其次是线型结构和网状结构。

1. 线型结构

线型结构是最简单的逻辑结构，如图 4-1 所示。它将多个网页按照一定的先后顺序链接起来，用户没有访问到前一个网页就无法进入下一个网页。

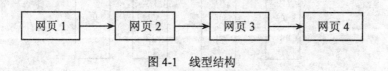

图 4-1　线型结构

高等院校计算机系列教材

线型结构最常用于需要逐步进行的栏目，比如用户注册、建立订单、教程等。如图 4-2 所示的就是一个典型的用户注册的例子，从这个图可以看出，一个新用户要完成注册需要经历四个步骤，而且必须按顺序进行，否则就不能完成注册。

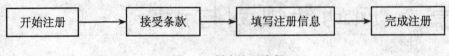

图 4-2 用户注册流程

又如，当在网上购书或者音像制品，也必须按顺序进行选择商品、确认购物车、写订单、生成订单四个步骤。

如图 4-2 所示的只是最简单的线型结构，在这个基础上进行扩展可以演变出更具灵活性的线型结构，以满足各种不同的需求。如图 4-3（a）所示的带选择的线型结构，可以根据用户不同的选择来访问不同的下一个网页。又比如图 4-3（b）所示的带选项的线型结构，可以让用户直接跳转到后面的步骤以加快任务的完成。

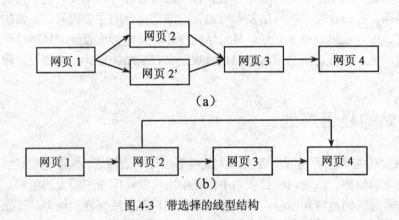

图 4-3 带选择的线型结构

2. 层次型结构

相对于按先后顺序组织而成的线性结构，层次型结构是按照网页之间的包含关系组织而成的。如图 4-4 所示的就是一个典型的层次型结构，它很像一棵倒置的树。

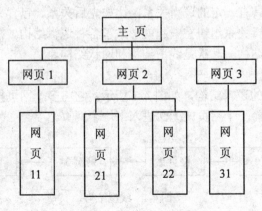

图 4-4 层次型结构

层次型结构简单而且直观，能将所有的内容划分得非常清晰且便于理解，因而几乎所有网站都采用这种结构来进行总体的栏目规划，即将所有的内容先分成若干个大栏目，然后再将每个大栏目细分成若干小栏目，以此类推直到不用再细分为止。

层次型结构也有不好的地方，就是用户如果要访问最底层的网页就不得不按照层次从上到下一级一级地访问，最终到达想要访问的网页。如果层次很深，比如有六层或者八层，那么所带来的麻烦就大大降低了层次型网络所具有的优点。

对于层次过深、过于复杂的网页，采用层次型结构反而会带来很多不良影响，层次型结构最好的深度就是三层，最多不要超过五层。另外，建立一个良好的导航系统也可以弥补层次型结构这方面的缺点。有关导航系统的设计会在本章 4.4 节详细介绍。

3. 网状结构

如图 4-5 所示，网状结构是指多个网页相互之间都有超链接的一种结构，这些网页可以是层次结构上的任意网页，由于导航的需要或者内容上的相关性而相互链接在一起。

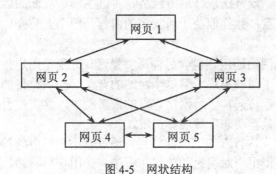

图 4-5　网状结构

比如 HTML.COM 网(www.html.com，如图 4-6 所示)，它的导航条（包括"home"，"article"，"reference"，"directory"，"forums"和"support"项）就出现在主页和其他每一个网页的上部，这样用户在任何一个网页上进行访问的时候，都可以通过这个导航条而一步切换到其他栏目的网页之上。这个网站各个网页之间因这个导航条而形成了一个网状结构。

图 4-6　网状结构举例

网状结构的实现就在于在所有相关的网页上保留到其他网页的超链接。这种结构使用户能更方便地在网站上游弋，但同时也带来一个庞大超链接数的问题。庞大的超链接数，对于维护来说相当麻烦，某个网页的改动（如改名、删除、增加）就可能同时需要对所有的网页进行相应的修改，这是谁都不愿意做的事情，所以在网站中需要谨慎使用网状结构。

4.1.2　栏目规划的任务

栏目规划最基本的任务就是要建立网站的逻辑结构，不仅需要为整个网站建立层次型结构，还需要为每一个栏目或者子栏目设计合理的逻辑结构。除此之外，栏目规划还需要确定哪些是重点栏目、哪些是需要实时更新的栏目、需要提供哪些功能性栏目等。

1. 确定必需栏目

栏目规划的第一步就是要确定哪些是必需的栏目，这取决于网站的性质。比如对于一个企业网站来说，公司简介、产品介绍、服务内容、技术支持、联系方式等栏目是必不可少的，而对于政府网站来说政务、政策法规、地方经济、百姓生活、观光旅游等栏目都是必需的。个人网站相对来说比较随意，往往取决于所收集的内容，但个人简介、个人收藏等栏目通常不能缺少。

除了内容栏目之外，网站还应该包含另外两类栏目，分别是用户指南类栏目和交互性栏目。用户指南类栏目是为了帮助用户了解这个网站的背景、性质、目的、功能及发展历程，了解如何更好地对网站进行访问，了解网站建设的最新动态。这类栏目通常以"帮助"、"关于网站"、"网站地图"、"最新动态"等名称出现。

交互性栏目是能与用户进行双向交流的栏目，通过它不仅可以解答用户的疑问、了解用户的需求，而且还可以获得用户对网站的建议和看法，让用户与网站、用户与用户之间建立良好的沟通，以便更好地帮助网站的建设与发展。交互性栏目最常见的方式就是留言板，做得较复杂的就是论坛（BBS）形式。

2. 确定重点栏目

在确定完需要设置哪些栏目之后，接着需要做的是从这些栏目中挑选出最为重要的几个栏目，然后对它们进行更为详细的规划，这种选择往往取决于网站的目的与功能。比如企业网站，其目的可能是为了更好地推销自己的产品，所以产品介绍便是它的重点栏目。因此为了更好地介绍产品，它除了基本的产品介绍之外，可能还需要设立价格信息、网上订购、产品动态等相关栏目。又比如个人网站，它的目的通常是为了让别人分享他收集到的信息，向别人介绍他的原创作品，所以它的重点栏目往往是个人作品和个人收藏。

3. 建立层次型结构

建立层次型结构是一个递进的过程，即从上到下逐级确定每一层的栏目。首先是确定第一层，即网站所必需的栏目，然后对其中的重点栏目进行进一步的规划，确定它们所必需的子栏目，以此类推直至不需要再细分为止。将所有的栏目及其子栏目连在一起就形成了网站的层次型结构。

如图 4-7 所示的可乐猫网站（http://kubioo.nease.net），它在第一层设置了"我的资料"、"我的作品"、"怀念家驹"、"给我留言"四个重点栏目和"news"、"info"、"link"三个其他栏目，然后每一个重点栏目又进行了更细的规划，比如"我的资料"又分出"我的清单"、"我的爱情"和"我的梦想"三个子栏目，"我的作品"又分出"FLASH"、"CG"和"ARTICLE"三个子栏目。将这些栏目及其子栏目连在一起，我们可以很清楚地看到可乐猫网站的层次型结构，如图 4-8 所示。

图 4-7 可乐猫网站主页

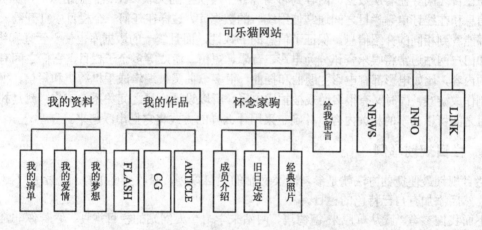

图 4-8 可乐猫网站栏目的层次型逻辑结构

4. 设计每一个栏目

层次型结构的建立只是对网站的栏目进行了总体的规划，接下来要做的是对每一个栏目或者子栏目进行更为细致的设计。设计一个栏目通常需要做三件事情，首先是描述这个栏目，描述这个栏目的目的、服务对象、内容、资料来源等。对栏目的描述能让领导和同事们对这个栏目有整体的了解和把握，也能让网站建设者对这个栏目有一个准确、清晰的认识。

其次是设计这个栏目的实现方法，即设计这个栏目的网页构成、各个网页之间的逻辑关系、各个网页的内容、内容的显示方式、数据库结构等各个方面的问题。比如很多网站都有的用户注册栏目，如图 4-9 所示，这个栏目通常需要六个网页，采用线性+分支结构来进行组织。

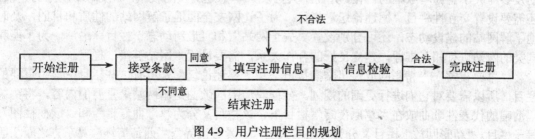

图 4-9 用户注册栏目的规划

高等院校计算机系列教材

第一个网页"开始注册"是用户注册的入口，它的内容通常只是一个指向第二个网页的超链接。第二个网页"接受条款"上除了列出相应的条款之外，还需要设置一个用于选择是否接受条款的表单。第三个网页"填写注册信息"采用表单来实现，所需注册的信息根据网站的需求而定，通常包括用户名、密码、性别、国籍、省份、E-mail 等内容。第四个网页"信息检验"是为了检验用户信息的合法性，即检查所填写的用户名是否已经存在、所填写的出生年月是否在正常范围之内、所填写的 E-mail 地址是否合法、所填写的内容是否包含非法脚本和不文明的词汇等内容。这个网页可能不会显示给用户，只是根据其检查的结果跳转到相应的网页，比如检查通过就跳转到"完成注册"网页，检查不通过就跳转到"填写注册信息"网页要求重新填写或者修改不合法的部分。第五个网页是"完成注册"，它需要将用户的注册信息保存到数据库中并将成功注册的信息显示给用户。如用户在第二个网页不同意"接受条款"时，就要进入到第六个网页"退出注册"，该网页显示有关中止注册的信息。

最后还要设计这个栏目和其他栏目之间的关系。网站虽然分为不同的栏目，但很多情况下，栏目与栏目之间存在着从数据、内容到布局等各个层次上的关联。比如企业站点的产品介绍、价格信息和在线订单等栏目之间通常使用统一的数据库，这样在任何一个栏目中打开同一个产品时都能看到相同的介绍信息，保证了信息的一致性，而且统一的数据库也便于管理和维护。又比如门户网站通常将娱乐资讯分为电影、音乐、短信、游戏等多个子栏目，它们之间有许多关联的内容，比如电影都有电影主题曲和插曲，很多歌曲又被编辑成手机铃声和短信，很多电影被制作成游戏，同时又有很多游戏被拍成电影。所以设计栏目之间关系的工作，就是找出各个栏目之间可以共享的相关内容，并确定采用什么样的方式将它们串联起来。

4.1.3 栏目规划举例

栏目规划最便捷的方法就是参考同类网站的栏目规划，吸收共同的栏目，去掉不适合的栏目，然后添加有自己特色的栏目。

下面我们参考"我从草原来-德德玛"网站来学习个人网站的栏目规划。假若你非常喜欢歌唱家德德玛，你已经收集了很多有关德德玛的歌曲、图片以及报道等。现在要建立一个名为"我从草原来-德德玛"的个人网站，主要目的是要颂扬德德玛的功绩与品德，并和所有的"德迷"共享你收集的德德玛的作品、报道。现在我们就根据这个目的来看看如何规划这个网站的栏目。

根据上一节所介绍的知识，首先需要做的是确定网站所必需的栏目。因为已经收集了很多有关德德玛的图片，而且网站的首页必须要插入一些图片，所以第一个必需的栏目就是图片栏目，将其取名为"个人图库"；接着就是简介德德玛的艺术生涯，所以第二个栏目是"艺术简介"；第三个栏目是"草原夜莺"，专门介绍德德玛演唱的歌曲与视频专辑；第四个栏目是"精彩回放"，介绍德德玛在央视"艺术人生"、"东方之子"等频道被报道的专辑；第五个栏目是"文摘报道"介绍报刊登载的有关道德德玛歌唱生涯的重要文章；为了让更多的德迷朋友参与关于德德玛歌唱的讨论，并让广大网友共享德迷朋友的收藏，以及对本网站的建议，还需要设置交互性栏目"德迷论坛"栏目；为了让网友全面地了解网站的性质和目的，及时地了解网站的建设动态，还可分别设置"关于网站"和"最新动态"栏目。最后，为了能和同类的网站进行相互推荐，建立良好的合作关系，需要设置"网站链接"栏目。

"草原夜莺"、"精彩回放"、"文摘报道"和"德迷论坛"是所有这些栏目中最为重要的栏目，所以需要对它们进行更细的规划。德德玛演唱的歌曲是本网站最重要的内容，将德德玛演唱的代表性歌曲放在"草原夜莺"栏目下，该栏目又分为"歌曲专辑"和"歌曲插图"等子栏目。"精彩回放"栏目又分为"艺术人生"、"爱心世界"、"西部情怀"、"东方之子"等子栏目。"文摘报道"栏目将登载报刊对德德玛的重要报道"草原上的夜莺"、"故乡是块磁铁"等。"德迷论坛"栏目除了一般论坛应有的子栏目外，还要做一个"论坛展区"的子栏目，用于展示"德迷"收藏的作品。

　　将所有的栏目及其子栏目连在一起，这个网站的层次型结构便跃然纸上，如图4-10所示。

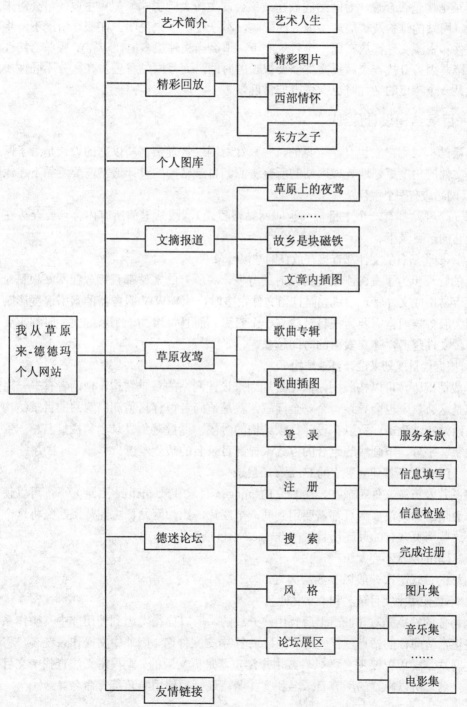

图4-10　我从草原来-德德玛个人网站栏目层次型结构

4.2 网站的目录结构设计

目录结构也可称为物理结构，它是解决如何在硬盘上更好地存放包括网页、图片、Flash动画、视音频、数据库等各种资源在内的所有网站资源。

目录结构是否合理，对网站的创建效率会产生较大的影响，但更主要的，会对未来网站的性能、网站的维护及扩展产生很大的影响。举一个例子来说明，在极端情况下，将所有的网页文件和资源文件都放在同一个目录底下。那么当文件很多时，WWW 服务器的性能就会急剧下降，因为查找一个网页文件需要很长的时间，而且网站管理员在区分不同性质的文件和查找某一个特定的文件时也会变得非常麻烦。

4.2.1 目录结构设计原则

目录结构对用户来说是不可见的，它只针对网站管理员，所以它的设计是为了网站管理员能从文件的角度更好地管理网站的所有资源。目录结构的设计通常需要遵循下述原则。

1. 网站应有一个主目录

每一个网站都有一个主目录（也叫网站根目录），网站里的所有内容都要存放在该主目录以及它的子目录下。

2. 不要将所有的文件都直接存放在网站根目录下

有的管理员为了贪图刚创建网站时的方便，将所有的文件都直接放在网站根目录下。这么做很容易造成文件管理混乱，而且当文件很多时，对 WWW 服务器的索引速度影响会非常大。因为服务器通常需要为根目录建立一个索引，而且每增加一个新的文件时都需要重新建立索引，文件越多，建立索引的时间越长。

3. 根据栏目规划来设计目录结构

一般情况下，可以按照网站的栏目规划来设计网站的目录结构，使两者有一一对应的关系。但是这么做，也会导致一个安全问题，就是访问者很容易猜测出网站的目录结构，也就容易对网站实施攻击。所以在设计目录结构的时候，尽量避免目录名和栏目名相一致，可以采用数字、字母、下画线等组合的方式来提高目录名的猜测难度。

4. 每个目录下都建立独立的 images 子目录

将图片及资源文件都放在一个独立的 images 目录（或 picture 目录）下，可以使目录结构更加清晰。如果很多网页都需要用到同一个图片，比如网站标志图片，那么将这个图片放到所有这些网页共有的最高层目录的 images 子目录下。

5. 目录的层次不要太深

网站的目录层次一般以 3~5 层为宜。

6. 不要使用中文目录名和中文文件名

因为你的站点是对 Internet 所有用户开放的，所以你得考虑到使用非中文操作系统的客户也能正常访问你的站点，若使用中文目录名/中文文件名，则非中文操作系统客户将无法访问你的网站。若 WWW 服务器软件或用户浏览器是英文版的，则根本无法查找中文目录名和中文文件名。所以网站的所有目录名和文件名，最好都使用半角英文命名。

7. 可执行文件和不可执行文件分开放置

将可执行的动态服务器网页文件和不可执行的静态网页文件与动态网页文件分别放在不同目录下，然后将存放可执行动态服务器网页所在目录的属性设为不可读和不可执行。这么做的好处，就是可以避免动态服务器网页文件被读取。

8. 数据库文件单独放置

数据库文件因为安全需求很高，所以最好放置在 http 所不能访问到的目录底下。这样就可以避免恶意的用户通过 http 方式取到数据库文件。

4.2.2 目录结构设计举例

在栏目规划一节的实例中，我们以"我从草原来-德德玛"个人网站的栏目规划为例说明，下面我们就在这个基础上接着为这个网站设计它的目录结构，如图4-11所示。

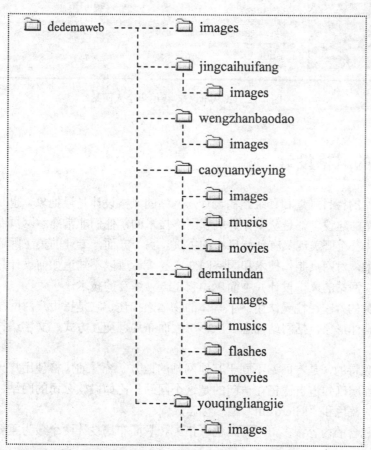

图 4-11 我从草原来-德德玛个人网站的目录结构

如图4-11所示就是根据前面所述的若干原则而设计的目录结构。从这个图中可以看到，网站的目录结构和如图 4-10 所示的层次型结构是对应的，而每一个目录下都有一个名为"images"的子目录，用于保存图片。图4-12所示为我从草原来-德德玛网站的首页。

图 4-12　我从草原来-德德玛个人网站

4.3　网站的风格设计

　　相对于网站的栏目规划和目录结构设计，网站的风格设计是最抽象、也是最头疼的一个问题。许多网站的建设者都是从事计算机和网络技术的，他们非常熟悉网页制作技术，但是却少有想法创作一个既美观又有独特风格的主页。另一方面，专业的美工师通常从事的都是传统的美工技术，对网页制作技术和因特网知之甚少，所以不知道如何设计最适合网络传输的图片。所以，网站的风格设计并不简单，它是一项综合的技术。

　　风格是抽象的，它往往无法用一个具体的物体来描述，它是指用户对网站整体形象的一种感觉。这个整体形象包括网站标志、色彩、版面布局、交互方式、文字编排、图片、动画等诸多因素。

　　风格又是独特的，是本网站不同于其他网站的地方。统一的风格使用户无论处于网站的哪一个网页，都明确知道自己正在访问的是这个网站。比如微软公司的网站，任何一个网页都有微软特有的蓝色和"Microsoft"网站标志。

　　风格设计包含的内容很多，下面就色彩搭配和版面布局设计两个最为重要的方面来介绍网站的风格设计。

4.3.1　色彩搭配基础

　　网站的色彩是最影响网站整体风格的因素，也是站点美工设计中最令人头疼的问题。许多网页设计者都缺乏色彩搭配的基本知识，所以在制作网页之前往往有一个很好的想法，但是却不知如何搭配网页的颜色来表达预想的效果。因此，在介绍色彩搭配之前，先来看看色彩的基本知识。

1. 色彩的基本知识

由光学知识可知，颜色是因为物体对光的反映或折射而产生的。光的波长不同，光的颜色也就不同。红、绿、蓝是光的三原色，它们不同程度的组合可以形成各种颜色。所以在网页中，用光的三原色的不同颜色值组合成各种颜色。

网页中的颜色通常采用6位十六进制的数值来表示，每两位代表一种颜色，从左到右依次表示红色、绿色和蓝色，每种颜色的十六进制值从00~FF（十进制值0~255）。颜色值越高表示这种颜色越浓。比如红色，其数值为"#FF0000"（＃号表示十六进制数），白色为"#FFFFFF"，黑色为"#000000"。也可以采用三个以","相隔的十进制数来表示某一颜色，比如红色，其十进制表示为color(255,0,0)。

在传统的色彩理论中，颜色一般分为彩色和非彩色（或称为灰色）两大色系。非彩色是指黑、白和所有灰色，彩色是指除非彩色外所有的颜色。在网页中，如果组成颜色的三种原色数值相等，就显示为灰色。

我们见到的太阳光是白色，其实太阳光是多种彩色混合而成的，按颜色的色调通常将其划分为七种颜色：红、橙、黄、绿、青、蓝、紫。如果将这七种颜色按这个顺序渐变为一条色带的话，越靠近红色，给人的感觉越温暖，越靠近蓝色和紫色，给人的感觉越寒冷。所以红、橙、黄的组合又称为暖色调，青、蓝、紫的组合又称为冷色调。

除了冷暖的差别外，不同的单个颜色也会给人带来不同的感觉，分述如下。

红色：是一种激奋的色彩，给人以冲动、愤怒、热情和活力的感觉。

绿色：介于冷暖两种色彩的中间，显得和睦、宁静、健康、安全。它和金黄、淡白搭配，可以产生优雅、舒适的气氛。

橙色：也是一种激奋的色彩，具有轻快、欢欣、热烈、温馨和时尚的效果。

黄色：充满快乐、希望、智慧和轻快，它也是最亮的一种颜色。

蓝色：是最具凉爽、清新、专业的色彩。它和白色混合，能体现柔顺、淡雅、浪漫的气氛（如天空的色彩）。

白色：给人以洁白、明快、纯真和干净的感觉。

黑色：通常是深沉、神秘、寂静、悲哀和压抑的代表。

灰色：具有中庸、平凡、温和、谦让、中立和高雅的感觉，它可以和任何一种颜色进行搭配。

2. 网站的色彩搭配

网站的色彩搭配通常分为两个步骤，第一步就是为整个网站选取一种主色调，然后再为主色调搭配多种适合的颜色。主色调指的是整个网站给人印象最深的颜色，或者说除白色之外用得最多的颜色。

正如前面所述，不同的颜色给人的感受是不一样的，所以主色调选取的一个最基本的原则就是保证所选的颜色与网站的主题或者形象相符，进一步地，能够通过这种颜色加深用户对网站的印象。

比如蓝色是一种给人感觉非常专业的颜色，所以许多高科技公司都喜欢使用蓝色作为公司网站的颜色。最典型的当数微软公司（见图4-13，www.microsoft.com/china）和IBM公司（见图4-14，www.ibm.com/us），蓝色极大地加强了人们对他们产品的信任感。

高等院校计算机系列教材

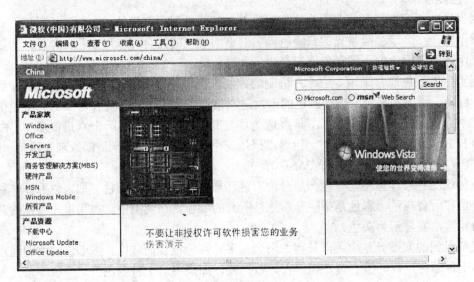

图 4-13　Microsoft 公司主页

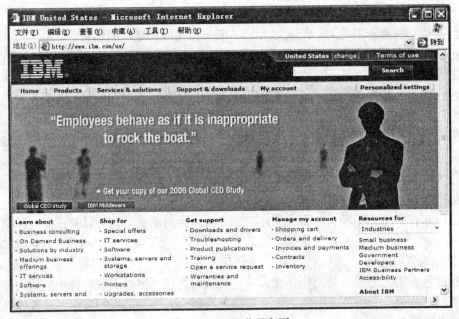

图 4-14　IBM 公司主页

　　红色则是热情和活力的象征，北京市政府网站首都之窗(www.beijing.gov.cn)正是通过红色来向人们传达了北京作为中国首都的气质——大气和热情，如图 4-15 所示。

　　易趣(http://www.ebay.com.cn)是全球最大的中文网上交易平台，它致力于为所有网络用户建立一个诚信、平等、安全、高效、舒适的网上交易环境，而对于这一点，没有比绿色更为合适的颜色，如图 4-16 所示。

图 4-15 首都之窗主页

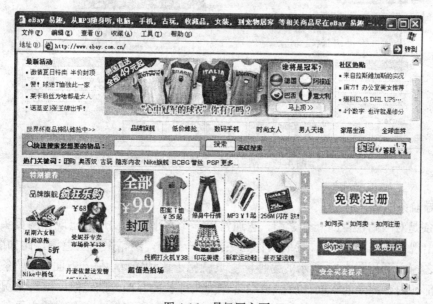

图 4-16 易趣网主页

　　企业或者政府部门在选取主色调的时候需要考虑符合自身的形象，而个人网站则要随意得多，往往选择的是自己喜欢的颜色。

　　选好主色调之后，接下来要考虑的就是在什么地方使用主色调。从前面的几个例子也可以看到，主色调最常表现在三个位置，首先是头部，也就是网页最上面的部分，通常包含导航条。头部是最能体现主色调的地方，所以所有的网站都会在头部表现主色调。其次是栏目索引条上，栏目索引条虽然面积小，但是出现在网页的各个部位，所以能非常有效地渲染主色调。最后是网页上的文字，文字笔画虽细，但大面积的文字也能很好地突出主色调。

接着要考虑的是别的地方使用什么颜色去搭配这种主色调，比如背景色、文字颜色、导航条颜色、插图颜色等都使用什么颜色。色彩搭配是一项非常精细的工作，因为往往一个细节就会影响整个网页的色彩均衡。色彩搭配没有固定的模式与步骤，但是如果从大面积用色到小细节去搭配颜色，会使得这项工作更轻松一些。下面我们就来看看几个主要的方面。

（1）选取背景色

大多数的网站都会选取白色作为背景色。白色使得狭小的屏幕空间显得很大，再多的信息在白色的背景下，其排放也可以显得很整齐，其页面也可以显得非常干净和整洁。如图 4-17 所示的湖南省第一师范学校网站（http://www.hnfnc.edu.cn）主页的背景色就使用了白色。

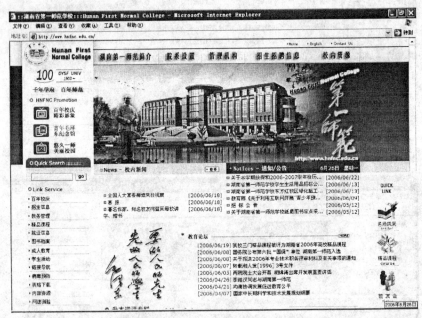

图 4-17　湖南省第一师范学校主页

（2）导航条的颜色

导航条是对网站栏目的一个索引，它通常以一个水平长条的形式出现在网页头部的下边（也有的出现在头部下左边）。导航条作为头部的一部分，经常采用主色调，比如图 4-15 所示的首都之窗主页和图 4-16 所示的易趣网主页就属于这种情况。另一方面，导航条因为介于网页的头部和内容部分的中间，所以也经常作为头部和内容部分的过渡，这种情况下通常采用灰色系，比如图 4-12 所示的德德玛个人主页和图 4-14 所示的 IBM 公司的主页就采用了蓝灰底色的导航条，图 4-17 所示的湖南省第一师范学校网站的导航条使用了灰色。

（3）栏目索引条的颜色

栏目索引条因为分布在网页的各个部位，所以经常采用主色调中不同深度的颜色来烘托整体的效果，比如图 4-14 所示的 IBM 公司主页采用不同的蓝色，比如图 4-15 所示的首都之窗主页采用不同的红色。栏目索引条也经常使用与主色调非常协调的颜色，比如图 4-16 所示的易趣网主页的栏目索引条就使用了浅黄绿色。另外，为了颜色的过渡，位于网页中间的栏目索引条也经常采用浅灰色。

（4）文字的颜色

文字在一个网页上是无处不在的，但是文字的笔画比较单薄，所以文字通常用来进一步突出主色调，或者用来过渡和缓解页面的颜色。文字的颜色主要根据文字的背景色进行搭配，它与背景色应有较大的反差，如白底黑字、蓝底白字等，以便能清楚地显示文字。其次文字的颜色搭配还得兼顾文字周围物体的颜色。

（5）插图的颜色

网页的插图通常尺寸都比较小，所以它的颜色可以绚丽、丰富一些，这样一来可以使页面变得活泼，二来可以点缀整个页面。但是在选择有背景的图片时要特别小心，不要和网页的背景色及图所插区域的背景色相冲突。解决这个问题一般有两种方法，一种是采用可透明的 GIF 图，另一种是将图片的背景色做成和网页背景色一样的颜色。在网页某个位置插入图片时，也要考虑同样的问题，如图 4-17 所示的湖南省第一师范学校网站主页的背景色为白色，在主页中插入毛泽东的题词"要做人民的先生，先做人民的学生"图片时，就先将图片的背景色处理成了白色。

4.3.2 版面布局设计

报纸、杂志通常分为不同的版面，不同的版面需要不同的布局，比如报纸的头版最为重要，它的布局通常都围绕醒目的大标题展开以吸引人们对它的注意，而其他版面以内容为主，所以它们的布局相对简单，通常都根据内容文字的多少而自然分割。同报纸、杂志一样，网站也分为很多不同的网页，比如主页、栏目首页、内容网页等，不同的网页也需要不同的版画布局。

但是与报纸、杂志不同的是，网站的所有网页组成的是一个层次型结构，每一层网页里都需要建立访问下一层网页的超链接索引，所以网页所处的层次越高，网页中的内容就越丰富，网页的布局就越复杂。比如图 4-18 所示的湖南教师网 (http://teacher.hnedu.cn)主页上的

图 4-18　湖南教师网主页

内容非常丰富，所以它的版面布局就比较复杂，而下面一层的栏目 "政策法规" 首页（如图 4-19 所示）因为内容比较集中，所以它的布局比主页就简单一些。打开该栏目一个具体的内容网页"中华人民共和国教师法"，可以看到内容网页的布局（如图 4-20 所示）更加简单，网页的上边是一个头部，下边就是具体的内容。

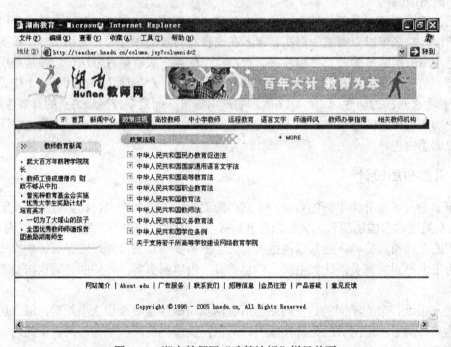

图 4-19　湖南教师网"政策法规"栏目首页

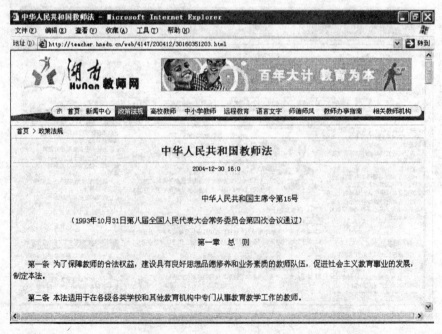

图 4-20　湖南教师网"政策法规"栏目里的一个内容网页

图 4-21 非常清晰地显示了上面例子三层网页的版面布局,从这幅图可以总结出网站在版面布局上的一个特点,那就是从网站层次型结构的顶层主页到最底层的内容网页,版面布局不断简化。这样,就得到网站在进行版面布局设计时应采用的原则,那就是首先对主页进行版面布局,然后在主页布局的基础上对各栏目的首页进行版面布局,接着往下,对内容网页进行版面布局。

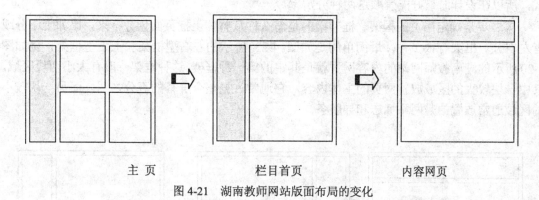

主　页　　　　　　　　栏目首页　　　　　　　　内容网页

图 4-21　湖南教师网站版面布局的变化

无论是主页、栏目首页还是内容网页,作为网页本身,在进行单个网页的版面布局时所采用的步骤和方法都是一样的,下面我们就具体介绍一下有关版面布局的一些基本知识。

1. 版面布局的步骤

第一步是确定面向哪种显示器的分辨率模式。因为不同的用户可能使用不同的显示器和网页浏览器,所以同一个网页在不同用户的计算机上显示很可能是不一样的,比如用 Windows XP 操作系统下的 IE 浏览器在 800×600 分辨率的显示器下看微软公司的主页,如图 4-13 所示,就和用 Windows XP 下的 IE 浏览器在 1024×768 分辨率的显示器下看到的微软主页(如图 4-22 所示)很不一样。所以在设计版面布局之前首先要做的就是确定这个网页主要面向哪

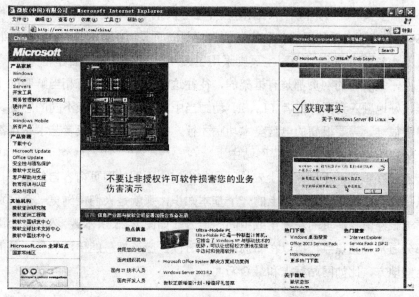

图 4-22　1024×768 显示模式下的微软公司主页

种配置，即主要在哪种分辨率下进行显示，是面向 800×600 还是面向 1024×768。说到分辨率，可能很多人不大明白，它在这里专门指的是计算机显示器屏幕的分辨率，通常可以设置为 640×480、800×600 和 1024×768 甚至更高。分辨率越大，显示面积就越大，所以能显示的内容就越多。800×600 是目前大多数显示器设置的分辨率，所以很多网站在设计时都针对 800×600 进行设计。但是 1024×768 却是未来的发展趋势，将日益成为主流的分辨率模式，所以在设计时最好能兼顾这两种分辨率。

第二步是确定网页的框架。框架指的是怎么样从整体上把页面划分开来，比如上下分或者左右分。框架有很多种，最简单的是如图 4-23 所示的左右型框架和上下型框架，例如图 4-20 所示的湖南教师网站的内容网页就是其中的第一种框架。这种框架一般有大小两块区域，其中一块较大的区域放置网页的主体内容，它通常占据整个屏幕的五分之四。而另一块较小的区域通常放置的是网站标志和导航条。

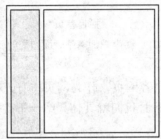
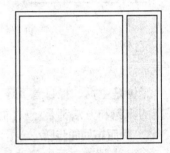

图 4-23 左右型框架和上下型框架

将上下型框架和左右型框架结合起来可以形成复合型框架，如图 4-24 所示的就是几种比较常见的复合型框架。复合型框架非常适合于布局大量的内容，所以经常用于网站主页的版面布局，比如图 4-12 所示的德德玛网站主页采用的就是图 4-24 中第 5 种复合型框架，图 4-15 所示的首都之窗主页和图 4-18 所示的湖南教师网主页采用的就是图 4-24 中第 4 种复合型框架，图 4-19 所示的湖南教师网的"政策法规"栏目首页采用的就是图 4-24 中的第 1 种复合型框架，而图 4-22 所示的微软公司主页则采用了图 4-24 中第 6 种复合型框架。

当然，并不是所有的网页都是有框架的，往往这时的网页都具有相当鲜明的个性。它将网页的内容很好地融入到图片或者 FLASH 动画当中，给人一种与众不同的感觉。这种无框架的设计通常很难，需要很高的电脑美术功底才行。很多个人站点或者艺术站点都会采用无框架结构，例如图 4-7 所示的可乐猫网站主页。

第三步就是在框架的不同区域上安排不同的内容。不同的网页内容自然是不一样的，所以在这里只是向大家介绍内容编排上的一个基本知识，那就是人们在浏览一个网页的时候，通常会把第一眼停留在网页的左上角或中间的地方（如图 4-25 所示），然后才会浏览其他部分。这个部分通常称为焦点，所以在布局内容的时候，应该把最能传达信息、最能吸引人的内容放在这些地方，比如网站标志和最新新闻。

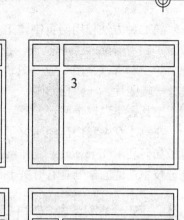
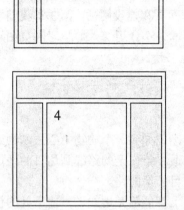
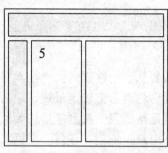
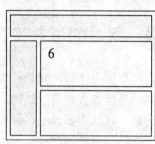

图 4-24　复合型框架

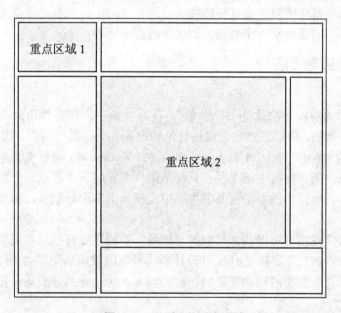

图 4-25　网页里的重点区域

2. 版面布局的基本方法

　　熟悉网页制作的人在拿到网页的相关内容后，也许很快就可以在脑子里形成大概的布局，并且可以直接用网页制作工具开始制作。但是对不熟悉网页布局的人来说，这么做有相当大的困难，所以这时，就需要借助于其他的方法来进行网页布局。

　　第一种方法是用手工的方式在纸上画草图，这种方法可以大概地描绘出网页的框架，但是也只能到此为止，不能再进行更细的工作，如配色、摆放文字和图片等。

第二种方法使用网页制作工具 Dreamweaver 或 Frontpage，这两种工具都提供了如图 4-23 和图 4-24 所示的网页框架集，或者使用表格布局法。

第三种方法是用专业制图软件来进行布局，如 Fireworks 和 Photoshop 等。用它们可以像设计一幅图片、一幅招贴画、一幅广告一样去设计一个网页的界面，然后再考虑如何用网页制作工具去实现这个网页。

在第 2 章中我们已经学习了如何利用 Dreamweaver 制作网页和建设网站，第 3 章我们学习了如何利用 Fireworks 制作网页图形、处理网页图像的基本方法。更深入地学习网页图形处理技术，请同学们查看有关 Fireworks 和 Photoshop 的专业书籍。

4.4　网站的导航设计

在现实生活中，我们经常需要从一个地方到另一个地方，比如到一个购物中心去购物或到某一个地方去旅游。这时，我们总是希望能走最短、最舒适、最安全的路线到达目的地而不迷路。这就需要导航，导航就是帮助我们找到能最快到达目的地的路。

在访问网站的时候也一样，用户也期望在任何一个网页上都能清楚地知道目前所处的位置，并且能快速地从这个网页切换到另一网页。但与现实世界不同，在访问网站的时候，你无法向别人询问"我现在在哪?""我能回到我住的地方吗?""我还有多久才能到达那里?"之类的问题，所以经常会因为单击过多的网页而迷失方向。因此网站导航对于一个网站来说非常的必要和重要，它是衡量一个网站是否优秀的重要标准。

4.4.1　导航的实现方法

1.　导航条

导航最常用的实现方法就是"导航条"。在导航条中，超链接所对应的网页在网站的层次型结构中是并列的，所以通过它可以快速地切换到并列的其他网页。比如图 4-26 所示的多媒体 CAI 课件设计制作（http://jpkc.hnfnc.edu.cn/2006_dmtcai）网站主页左边一列便是一个导航条，该导航条在所有网页中都存在，只要单击这个导航条中任意一个栏目名，就可进入该栏目首页。有些内容繁多的复杂网站的主页中还设计了多个导航条，每个导航条为某一类网页导航。

几乎在所有的网站都可以找到类似的导航条，不同之处可能只在表现形式上。比如湖南省第一师范学校网站、多媒体 CAI 课件设计制作网站的导航条采用类似图片按钮的形式，而首都之窗网站、微软公司网站、新浪网、德德玛个人网站等的导航条则直接采用文字超链接的形式。

2.　路径导航

除了普通的导航条之外，导航另一种非常重要的实现方法是"路径导航"，即在网页上显示这个网页在网站层次型结构上的位置。通过路径导航，用户不仅可以了解当前所处的位置，还可以快速地返回到当前网页以上的任何一层网页。

例如图 4-27 所示的湖南省第一师范学校网站里一个网页上就有"路径导航"，从这个路径导航可以清楚地看到当前这个网页归属于"第一师范网站首页>教育科研"栏目，而且通过它还可以直接跳转到湖南省第一师范学校首页或教育科研栏目的首页。

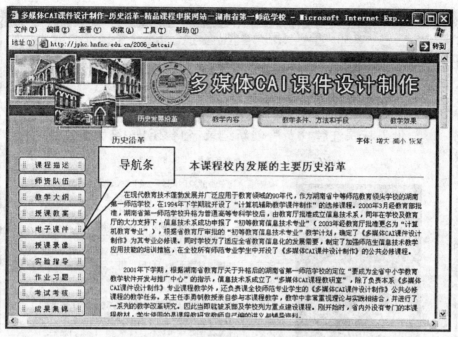

图 4-26 多媒体 CAI 课件设计制作网站里的"导航条"

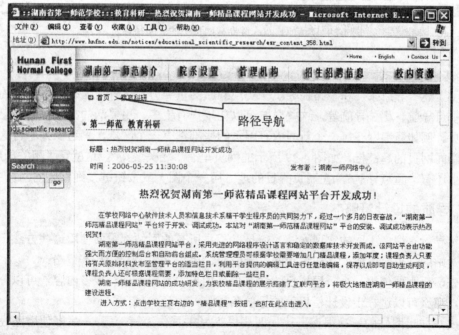

图 4-27 湖南省第一师范学校网站里的"路径导航"

　　新浪网上也有类似的路径导航，如图 4-28 所示的新浪网 2006 世界杯"葡萄牙对荷兰"网页，类似地从其上的路径导航便可知道这个网页是处于"sina>世界杯首页>新闻>荷兰>葡萄牙对荷兰"之下，同时通过它可以回到其上的任何一层网页。

图 4-28　新浪网 2006 世界杯网页中的"路径导航"

3. 其他导航方式

除了上述"导航条"和"路径导航"实现导航的重要方法之外，还有一些扩展的实现方法，如重点导航、相关导航等，这些导航可以让用户有更多、更灵活的方式找到自己所感兴趣的网页。例如新浪网在每一个新闻内容网页的底部都有一个区域，里边罗列着与这个新闻相关的新闻网页的超链接，如图 4-29 所示的网页里有"相关链接"，这就是"相关导航"。有些网页上还有"重点导航"，在网页醒目的地方用一个图案或按钮链接到重要的网页中去。

4.4.2　导航的设计策略

虽然导航有很多不同的实现方法，但是并不是所有的网站都需要使用这些方法，这通常取决于网站的规模。下面就是在设计网站导航时，可以采用的一些基本策略：

首先，至少要使用一个一层栏目的导航条，如果栏目底下也有很多内容，可以分很多子类的话，那么可以进一步设计栏目下的导航条。

其次，如果网站的层次很深，比如四层以上（主页作为第一层），最好使用路径导航。路径导航可以从第三层以下的网页开始出现。如果网站的层次只有两层或者三层，不是特别需要路径导航就可以不使用路径导航。

其他导航方式作为辅助的导航手段，视实际需要而定。

图 4-29 新浪网页里的相关导航

【练习四】

在互联网上找到一个栏目层次在三层以内的网站，认真浏览后，完成如下练习：

1. 写出这个网站的名称与网站地址。
2. 画出这个网站的栏目层次结构图。
3. 画出这个网站的目录结构图。
4. 分析该网站的风格（颜色搭配、版面布局）、导航方式。

【实验四】 ×××个人网站的规划与设计

实验要求：

1. 确定×××个人网站的主题。
2. 规划×××个人网站的栏目（分层设计）。
3. 规划好×××个人网站的目录结构。
4. 设计×××个人网站的风格（色彩搭配、版面布局等）。
5. ×××个人网站的导航设计。

第5章 JavaScript 与 DHTML 技术

【本章要点】

1. 在网页中插入 JavaScript 脚本语言的几种方式
2. JavaScript 脚本语言的变量、运算符、表达式和函数
3. JavaScript 中的对象及使用对象的方法
4. DHTML 在网页中的应用

脚本（Script）实际上就是一段程序，用来完成某些特殊的功能。脚本程序既可以在服务器端运行（称为服务器端脚本，例如 ASP 脚本、PHP 脚本等），也可以直接在浏览器端运行（称为客户端脚本）。

客户端脚本经常用来检测浏览器、响应用户动作、验证表单数据以及显示各种自定义内容，如特殊动画、对话框等。在客户端脚本产生之前，通常都是由 Web 服务器程序完成这些任务，由于需要不断进行通信，因此响应较慢，性能较差。而使用客户端脚本时，由于脚本程序驻留在客户机上（随网页同时下载），因此在对网页进行验证或响应用户动作时无需使用网络与 Web 服务器进行通信，从而降低了网络的传输量和 Web 服务器的负荷，改善了系统的整体性能。

目前 JavaScript 和 VBScript 是两种使用最广泛的脚本语言。VBScript 被少数浏览器所支持，而 JavaScript 几乎被所有的浏览器支持，所以已经成为客户端脚本的标准。本书的客户端脚本均以 JavaScript 为例，介绍网页中客户端脚本的用法。

5.1 使用客户端脚本

本节介绍在网页中插入 JavaScript 脚本的三种方式：使用 Script 标记符插入脚本、直接将脚本嵌入到标记符中以及链接外部脚本文件。

1. 直接把脚本写在\<Script>\</Script>标记符中

在网页中最常用的一种插入脚本的方式是使用 Script 标记符，方法是：把脚本标记符\<Script>\</Script>置于网页上的某一个地方，然后在其中加入脚本程序。尽管可以在网页上的多个位置使用 Script 标记符，但最好还是将脚本代码放在 HEAD 部分以确保容易维护。当然，由于某些脚本的作用是在网页特定部分显示特殊效果，此时的脚本就会位于 BODY 中的特定位置。

使用 Script 标记符时，一般同时用 Language 属性和 Type 属性明确规定脚本的类型，以适应不同的浏览器。例如，如果要使用 JavaScript 编写脚本，语法如下：

```
<Script Language="JavaScript" type="text/JavaScript">
    这里写 JavaScript 代码
```

```
</Script>
```

　　例如，如下 HTML 代码创建了一个按钮，当用户点击按钮时会弹出一个对话框，网页源文件清单如下，结果如图 5-1 所示。

--清单 5-1　　5-1.html---

```
<html>
<head>
    <title>Js</title>
    <Script language="JavaScript" type="text/JavaScript">
        function msg( )//JS 注释：建立函数
            {alert("Hello,the Web world!!")}
    </Script>
</head>
<body>
  <!-- HTML 注释：表单部分,调用函数 -->
  <form>
    <input type="button" value="Click Here" onClick="msg( )">
  </form>
</body>
</html>
```

图 5-1　执行结果

2. 直接添加脚本

　　和直接在标记符内使用 Style 属性指定 CSS 样式一样，也可以直接在 HTML 某些标记符内添加 JavaScript 脚本，以响应输入元素的事件。

　　例如，对于 5-1.html 用直接添加 JavaScript 脚本到表单元素标记符内的 HTML 代码清单如下，执行结果完全相同。

--清单 5-2　　5-2.html--

```
<html>
```

```
<head>
    <title>Js</title>
</head>
<body>
  <form>
    <input type="button" value="Click Here" onClick="JavaScript:
    alert('Hello,the Web world!!');">
  </form>
</body>
</html>
```

3. 链接外部脚本文件

如果需要同一段脚本在多个网页中使用，可以把这一段脚本存放在一个单独的文件内，然后在需要使用此脚本的网页中加入此文件的路径和文件名，这样既方便了使用也提高了代码的可维护性，修改时只需修改这一个单独的文件就可以了。要引用外部脚本文件，应使用 Script 标记符的 src 属性来指定外部脚本文件的路径和名称。

例如，以下 HTML 代码显示了如何使用链接脚本文件，注意此时 5-3.html 与 js5-3.js 是存放在同一个文件夹下的两个文件，如果不在同一个文件夹下面，应加上 JavaScript 文件的路径。

--清单 5-3-1   5-3.html--

```
<html>
<head>
    <title>Js</title>
    <Script language="JavaScript" type="text/JavaScript" src="js5-3.js">
    </Script>
</head>
<body>
  <form>
    <input type="button" value="Click Here" onClick="msg( );">
  </form>
</body>
</html>
```

--清单 5-3-2   js5-3.js--

```
function msg( )
{alert("Hello,the Web world!!")}
```

注意：存放 JavaScript 的文件的扩展名为 js，在此文件内可以直接写入 JavaScript 的内容，不需要 <Script></Script>的开始和结束标符。

5.2　JavaScript 简介

本节首先介绍 JavaScript 语言的基本语法，然后分别介绍两大类对象——JavaScript 对象和浏览器对象。

5.2.1　JavaScript 语言基础

1. JavaScript 变量

与其他编程语言一样，JavaScript 也是采用变量存储数据。所谓变量，就是已命名的存储单元。变量的主要作用是存取数据和提供存放信息的容器。与 Java 和其他一些高级语言（例如 C 语言）不同，JavaScript 并不要求指定变量中包含的数据类型，这种特性通常使 JavaScript 被称为弱类型的语言。

在 JavaScript 中，我们可以简单地用 var 关键字来申明变量，而不管将在变量中存放什么类型的数值。实际上，变量的类型由赋值语句隐含确定。例如，如果赋予变量 a 数字值 5，则 a 可参与整型操作；如果赋予该变量字符串值"hello!!"，则它可以直接参与字符串的操作；同样，如果赋予它逻辑值 false，则它可以支持逻辑操作。

不但如此，变量还可以先赋予一种类型数值，然后再根据需要赋予其他类型的数值。如以下示例中，变量 b_1 先被赋予了一数字值 55，然后被赋予了一个字符串(注意，这里直接把 JavaScript 放在 5-4.js 文件中)。

```
--------------------------------------清单 5-4-1　js5-4-1.js --------------------------------------
var b_1;
b_1=55;
b_1="hello!!";
--------------------------------------------------------------------------------------------------------
```

变量可以先申明再赋值，也可以在申明时直接赋值，如：

```
--------------------------------------清单 5-4-2　js5-4-2.js --------------------------------------
var b_1=55;
b_1="hello!!";
--------------------------------------------------------------------------------------------------------
```

另外，在 JavaScript 中变量也可以事先不申明而直接使用，JavaScript 会在第一次使用该变量时自动声明该变量。不过建议变量要先申明再使用，先申明再使用不会引起混乱。

（1）JavaScript 支持的数据类型

①值数字：如 26,3.1415926,-3.05E10；

②逻辑值：true,false；

③字符串：如 "Hello!!"；

④null（空）：包括一个 null（空）值，定义空的或不存在的引用。

（2）JavaScript 变量命名约定

①变量名中可以包含数字 0~9、大小写字母和下画线；

②变量名的首字符必须为字母或下画线；

③变量名对大小写敏感；

④变量名的长度必须在一行内；

⑤变量名中不能有空格或其他标点符号。

2. JavaScript 运算符与表达式

（1）运算符

运算符是完成操作的一系列符号，也称为操作符。运算符用于将一个或几个值变成结果值，使用运算符的值称为算子或操作数。

在 JavaScript 中包括运算符的种类较多，以下列出常用的四类运算符。

①算术运算符：包括+、-、*、/、%（取模，即计算两个整数相除的余数），++（递加 1 并返回数值或返回数值后递加 1，取决于运算符的位置）、--（递减 1 并返回数值或返回数值后递减 1，取决运算符的位置）。

②逻辑运算符：包括&&（逻辑与）、||（逻辑或）、!（逻辑非）。

③比较运算符：包括<、<=、>、>=、==（等于，先进行类型转换，再测试是否相等）、===（严格等于，不进行类型转换直接测试是否相等）、!=（不等于，进行类型转换，再测试是否不等）、!==（严格不等于，不进行类型转换直接测试是否不等）。

④连接运算符：+（字符串接合操作，连接+两端的字符串成为一个新的字符串）。

（2）表达式

表达式是运算符和操作数的组合。表达式通过求值确定表达式的值，这个值是对操作数实施运算符所确定的运算后产生的结果。有些运算符将数值赋予一个变量，而另一些运算符则可以用在其他表达式中。

由于表达式是以运算符为基础的，因此表达式可以分为算术表达式、字符串表达式、赋值表达式以及逻辑表达式等。

表达式是一个相对的概念，例如，在表达式 a=b+c*d 中，c*d、b+c*d、a=b+c*d 以及 a、b、c、d 都可以看做一个表达式。在计算了表达式 a=b+c*d 之后，表达式 a、表达式 b+c*d 和表达式 a=b+c*d 的值都等于 b+c*d。

3. JavaScript 语句

在任何一门编程语言中，程序的逻辑都是通过编程语句来实现的。在 JavaScript 中包含完整的一组编程语句，用于实现基本的程序控制和操作功能。

（1）条件语句

条件语句可以使程序按照预先指定的条件进行判断，从而选择需要执行的任务。在 JavaScript 中提供了 if 语句、if else 语句以及 switch 语句三种条件的语句。

①if 语句。if 语句是最基本的条件语句，它的格式为：

if(condition)   //if 的判断语句，括号里是条件。

{

代码块；

}   //大括号内里是要执行的代码。

也就是说，如果括号里的表达式的值为真，则执行大括号内的代码块，否则就跳过该语句。如果要执行的语句只有一条，那么可以省去大括号把整个 if 语句写在一行，例如：

if(a= =1)a++;

如果要执行的语句有多条，也可以写在一行，但不能省去大括号，例如：

if(a= =1){a++;b--}

②if else 语句。如果需要在表达式为假时执行另外一个语句，则可以使用 else 关键字扩展 if 语句。if else 语句的格式为：

```
if(condition)
{
代码块 1;
}
else
{
 代码块 2;
}
```

实际上，代码块 1 和代码块 2 中又可以再包含条件语句，这样就构成了条件语句的嵌套。

除了用条件语句的嵌套表示多种选择，还可以直接用 else if 语句获得这种效果，格式如下：

```
if(condition1)
{代码块 1;}
else if (condition2)
{代码块 2;}
else if (condition3)
{代码块 3;}
...
else
{代码块 n;}
```

这种格式表示只要满足任何一个条件，则执行相应的语句，否则执行最后一条语句。

③switch 语句。如果需要对同一个表达式进行多次判断，那么就可以使用 switch 语句，格式如下：

```
switch(condition)
{             //注意：必须用大括号将所有的 case 括起来。
Case value1:
    Statement1;//注意：此外即使用了多条语句，也不能使用括号。
    Break;   /* 注意：如果不使用 break 语句断开各个 case，则在执行此 case 中的语句结束后会接着执行下一个 case 中的语句 */
Case value2
    Statement2;
    Break;
...
Case valueN
    statementN;
    break;
default:
    statement;
```

```
}
```

说明：JavaScript 中的注释语句既可以放在//之后，也可以放在/*与*/之间。同一行中//之后的内容会认为是注释，而包括在/*与*/之间的所有内容都被认为是注释。

其实，该项格式相当于 else if 语句，你可以思考一下如何用 else if 改写上面的 switch 语句。

（2）循环语句

循环语句用于在一定条件下重复执行某段代码。在 JavaScript 中提供了多种循环语句：for 循环语句、while 循环语句以及 do while 循环语句，同时还提供了 break 语句用于跳出循环，continue 语句用于终止当次循环并继续执行下一次循环，以及 label 语句用于标记一个语句。下面介绍常用的几种循环语句的语法。

①for 循环语句。for 循环语句的格式如下：

```
for(initial;condition;adjust)
{
/* 循环体代码 */
}
```

可以看出，for 循环语句由两部分构成：条件和循环体。循环体部分由具体语句构成，是需要循环执行的代码。条件部分由括号括起来，分为三个部分，每个部分间用分号分开。第一部分是计数器变量初始化部分；第二部分是循环判断条件，决定了循环的次数；第三部分给出了每循环一次，计数器变量应如何变化。

for 循环语句的执行步骤如下：

a. 执行 initial 语句，完成计数器初始化；

b. 判断条件表达式 condition 是否为真，如果为真执行循环体语句，否则退出循环；

c. 执行循环体语句后，执行 adjust 语句；

d. 重复步骤 b、c，直到条件表达式为假时退出循环。

②while 循环语句。while 循环语句是另一种基本的循环语句，当表达式为真时执行循环体语句，格式如下：

```
while(expression)
{
/* 循环体代码 */
}
```

While 循环语句的执行步骤如下：

a. 计算 expression 表达式的值；

b. 如果 expression 表达式的值为真，则执行循环体，否则跳出循环；

c. 重复执行步骤 a、b，直到跳出循环。

③do while 循环语句。do while 语句是 while 语句的变体，格式如下：

```
do
{
/* 循环体代码 */
}
while (expression)
```

它的执行步骤如下：

a. 执行循环体语句；

b. 计算 expression 表达式的值；

c. 如果表达式的值为真，则再次执行循环体语句，否则退出循环；

d. 重复 b、c，直到退出循环。

可见，do while 和 while 语句的区别是：在 do while 循环中循环体语句至少执行一次。因为 do while 语句中是先执行循环体再判断循环条件，而 while 循环语句是先判断循环条件再执行循环体。

注意：无论采用哪一种循环语句，都必须注意控制循环的结束条件，以免出现"死循环"。

④break 和 continue 语句进一步控制循环。

break 语句提供无条件跳出当前循环结构的功能。在多数情况下，break 语句都是单独使用的。

continue 语句的作用是终止当次循环，跳转到循环的开始处继续执行下一次的循环。同样，continue 语句大多数情况下是单独使用的。

例如，以下的几段代码有相同的执行结果。

--清单 5-5-1　5-5-1.html--

```
<head>
    <title>使用循环</title>
    <Script language="JavaScript" type="text/JavaScript">
      var i=0;
      while(i<100)   //使用 while 循环
         {document.write (i+"<br>");
          i++;}
    </Script>
</head>
<body>
</body>
</html>
```

说明:document.write( )用于在网页中输出括号内的内容，具体用法请参见 5.2.3 节

--清单 5-5-2　5-5-2.html--

```
<head>
    <title>使用循环</title>
    <Script language="JavaScript" type="text/JavaScript">
      var i=0;
      do           //使用 do while 循环
        {document.write (i+"<br>");
         i++;}
      while(i<100)
```

```
</Script>
</head>
<body>
</body>
</html>
```

--清单 5-5-3　　5-5-3.html--

```
<html>
<head>
    <title>使用循环</title>
    <Script language="JavaScript" type="text/JavaScript">
        var i=0;
        while(true) //使用 while 循环和 break 语句
          {document.write (i+"<br>");
             i++;
             if(i>=100) break;}
    </Script>
</head>
<body>
</body>
</html>
```

----

4. JavaScript 函数

（1）定义函数

函数是已定义的代码块，代码块中的语句被作为一个整体引用和执行。

在使用函数之前，必须先定义此函数。函数定义通常放在 HTML 文档头中，但也可以放在其他位置。但最好放在文档头，这样就可以保证函数先定义后使用。

定义函数的格式如下：

```
function functionName(parameter1,parameter2,...)
{
statements
}
```

函数名是调用函数时引用的名称，参数是调用函数时接收传入数值的变量名。大括号内的语句是函数的执行语句，当然是在当函数被调用时才会执行。

（2）函数的返回值

如果需要函数返回值，那么可以使用 return 语句，需要返回的值应放在 return 之后。如果 return 后没有指明数值或没有 return 语句，则函数返回值为不确定值。例如，清单 5-1 中定义了一个函数名为 msg 的函数，它没有指明返回值。

另外，函数返回值也可以直接赋予给变量或用于表达式中，如 5-6 中定义了函数，且有

高等院校计算机系列教材

返回值。

---清单 5-6　5-6.html--

```
<head>
    <title>定义函数</title>
    <Script language="JavaScript" type="text/JavaScript">
    function he(a,b)
      {return (a+b)}
          document.write (he(3,4))
    </Script>
</head>
<body>
</body>
</html>
```

5.2.2　使用 JavaScript 对象

1. 什么是对象

对象就是客观世界中存在的特定实体。"人"就是一个典型的对象，"人"包含身高、体重、年龄等特性，同时又包含吃饭、走路、睡觉等动作。同样，一辆汽车也是一个对象，它包含功率、重量、颜色等特性，还包含加速、拐弯等动作。

在计算机世界中，也包含各种各样的对象。例如，一个 Web 页可以被看做一个对象，它包含背景颜色、字体大小等特性，同时包含打开、读写、关闭等动作。Web 页上的某一个表单也可以看做一个对象，它包含表单内控件的个数、表单名称等特性，以及表单提交和表单重设等动作。

根据这些说明可以看出，对象包含两个要素：

①用来描述对象特性的一组数据，也就是若干变量，通常称为属性。

②用来操作对象特性的若干动作，也就是若干函数，通常称为方法。

例如，清单 7-6 中使用 document 对象的 write 方法在文档中输出特定的内容，当然还可以用 document 对象的 bgColor 属性用于描述文档的背景颜色。在网页中，通过访问或设置对象的属性，并且调用对象的方法，我们就可以对对象进行各种操作，从而获得需要的功能。

在 JavaScript 中可以操作的对象通常包括两种类型：浏览器对象和 JavaScript 内部对象。浏览器对象是指文档对象模型规定的对象，例如 HTML 元素对象、document 对象、window 对象等，具体信息请参见 5.2.3 节。而 JavaScript 内部对象包括一些常用的通用对象，例如数组对象 Array、日期对象 Date、数学对象 Math 等，以下分别简要介绍这几种最常用的 JavaScript 内部对象。

2. 数组对象

数组对象也叫 Array 对象，用于实现编程中最见的一种数据结构——数组。Array 对象的构造函数有三种，分别用不同的方式构造一个数组对象（构造函数是面向对象的一个概念，表示生成一个对象的函数）：

高等院校计算机系列教材

①var variable=new Array( )

②var variable=new Array(int)

③var variable=new Array(arg1,arg2,...,argN)

使用第一种构造函数创建出的数组长度为 0，当具体为其指定数组元素时，JavaScript 自动延伸数组的长度。例如，可以这样定义数组，然后为具体数组元素赋值：

var arr=newArray( );//定义长度为 0 数组 arr

arr[10]="Js";   /* 给 arr[10]赋值,此时数组自动扩充为 11 个元素，并将 arr[0]~arr[9]初始化为 null */

注意：JavaScript 数组与 C 语言数组一样，都是从 0 开始的。也就是说，上例中的数组的第一个元素是 arr[0]。

使用第二种构造函数时应使用数组的长度作为参数，此时创建出一个长度为 int 的数组，但并没有指定具体的元素。同样，当具体指定数组元素时，数组的长度也可以动态更改。

使用第三种构造函数时直接使用数组元素作为参数，此时创建出一个长度为 N 的数组，同时数组元素按照指定的顺序赋值。在构造函数使用数组元素作为参数时，参数之间必须使用逗号分隔开，并且不允许省略任何参数。例如，以下两种数组定义都是错误的：

var myArr=new Array(0,2,3,4)

var myArr=new Array(0,1,2,3,)

而正确的定义为：

var myArr=new Array(0,1,2,3,4)

从前面的数组定义中可以看出，数组元素可以是整数，也可以是字符串。实际上，JavaScript 同一数组中的不同元素可以是不同的类型。例如，以下数组包含各种不同类型的数据,例如：

var c=new Array(0,true,null, "aabb");

该项数组有 4 个元素，分别如下：

c[0]	c[1]	c[2]	c[3]
0	true	null	"aabb"

数组元素不但可以是其他数据类型，而且可以是其他数组对象。例如，以下示例构造出了一个二维数组并将其元素在表格中显示，结果如图 5-2 所示。

--清单 5-7　5-7.html--

```html
<html>
<head>
    <title>二维数组</title>
    <script language="javascript" type="text/javascript">
        var stu=new Array( );
        stu[0]=new Array("张三",85,75);
```

```
        stu[1]=new Array("李四",68,98);
        stu[2]=new Array("王五",87,86);
        document.write("<table  border=1><tr><td> 姓 名 </td><td> 数 学 </td><td> 语 文
</td></tr>");
        var i,j;
        for (i=0;i<stu.length;i++)
        {
           document.write("<tr>");
          for (j=0;j<stu[0].length;j++)//用 stu[0].length 获取数组的长度
             {document.write("<td>"+stu[i][j]+"</td>");}
              document.write("</tr>");
        }
     </script>
  </head>
  <body>
  </body>
  </html>
```

图 5-2　使用二维数组

3. 日期对象

日期对象也就是 Date 对象，它可以表示从年到毫秒的所有日期和时间。如果创建 Date 对象时就给定了参数，新对象就表示指定的日期和时间；否则新对象就被设置为当前日期。

创建日期对象可以使用多种构造函数，以下是最常用的一种构造函数，它使用当前的时间和日期创建 Date 实例：

var variable=new Date( )

Date 对象的方法很多，这里列举几个常用的方法和简要说明，如表 5-1 所示。

高等院校计算机系列教材

表 5-1 　　　　　　　　　　　Date 对象的常用方法

getDate( )	返回一个表示一月中的某一天的整数（只可能是 1~31）
getDay( )	返回一个表示星期几的整数（只可以是 0~6，0 表示星期日）
getHours( )	返回表示当前时间中的小时部分的整数（0~23）
getSeconds( )	返回表示当前时间中的秒部分的整数（0~59）
getTime( )	返回从 GMT 时间 1970 年 1 月 1 日凌晨到当前 Date 对象指定时间之间的时间间隔，以毫秒为单位
getMonth( )	返回表示当前时间中的月的整数（0~11），注意 1 月份返回 0,2 月份返回 1...
getYear( )	返回日期对象中的年份，用 2 位或 4 位数字表示
toString( )	返回一个表示日期对象的字符串

现在以一个实例来说明如何在网页中使用 Date 对象，结果如图 5-3 所示。

---清单 5-8　5-8.html---

```
<html>
<head>
    <title>使用 Date 对象</title>
</head>
<body>
    <div id="liveclock"></div>
    <script language="javascript">
    function timer( )
    {
        var now=new Date( );
        var hours=now.getHours( );
        var minutes=now.getMinutes( );
        var seconds=now.getSeconds( );
        var myclock="现在时刻："+hours+":"+minutes+":"+seconds;
        liveclock.innerHTML=myclock;
        setTimeout("timer( )",1000);
    }
    timer( );
    </SCRIPT>
</body>
</html>
```

程序说明：

①liveclock.innerHTML=myclock，更改 id 为 liveclock 的 div 标记符中显示的内容为当前的时间。

②setTimeout("timer( )",1000)，设置每 1000 毫秒执行一次 timer( )过程,也就能动态显示时间。

图 5-3 使用 Date 对象

4. Math 对象

Math 对象包含用来进行数学计算的属性和方法,其属性也就是标准数学常量,其方法则构成了数学函数库。Math 对象可以在不使用构造函数的情况下使用,并且所有的属性和方法都是静态的。Math 对象的属性和方法如表 5-2 所示。

表 5-2   Math 对象的常用属性和方法

类型	项　目	说　明
属性	E	欧拉常数,约为 2.718
	LN10	10 的自然对数,约为 2.302
	LN2	2 的自然对数,约为 0.693
	LOG10E	以 10 为底欧拉常数 E 的对数,约为 0.434
	LOG2E	以 2 为底欧拉常数 E 的对数,约为 1.442
	PI	圆周率常数,约为 3.14159
	SQRT1_2	0.5 的平方根,约为 0.707
	SQRT2	2 的平方根,约为 1.414
方法	abs(num)	返回参数 num 的绝对值
	cos(num)	返回参数 num 的余弦值
	sin(num)	返回参数 num 的正弦值
	tan(num)	返回参数 num 的正切值
	acos(num)	返回参数 num 的反余弦值
	asin(num)	返回参数 num 的反正弦值
	atan(num)	返回参数 num 的反正切值
	ceil(num)	返回大于或等于参数 num 的最小整数
	floor(num)	返回小于或等于参数 num 的最大整数
	max(num1,num2)	返回参数 num1 和 num2 中较大的一个
	min(num1,num2)	返回参数 num1 和 num2 中较小的一个
	pow(num1,num2)	返回参数 num1 的 num2 次方
	sqrt(num)	返回参数 num 的平方根
	random( )	返回一个 0 到 1 之间的随机数
	toString	返回表示该对象的字符串

例如，以下语句计算 cos(PI/6)的值：

Math.cos(Math.PI/6)

5.2.3 使用浏览器对象

1. 文档对象模型

文档对象模型（Document Object Model，DOM）是用于表示 HTML 元素以及 Web 浏览器信息的一个模型，它使脚本能够访问 Web 页上的信息，并可以访问诸如网页位置等特殊信息。通过操纵文档对象模型中对象的属性并调用其方法，可以使脚本按照一定的方式显示 Web 并与用户的动作进行交互。

对于不同的脚本语言，通常都具有一个 DOM 的子集，以便在特定的脚本语言中实现对象模型。例如，JavaScript 在其语言中就有一个对象模型。对于 Internet Explorer，Microsoft 公司专门为其创建了一个对象模型。使用为浏览器创建对象模型的方式使得对象模型与语言无关，从而可以获得更强的可扩展性。

JavaScript 对象模型与 IE 对象模型非常相似，它们包含相似的对象和事件，反映了如图 5-4 所示的对象层次结构。

在层次结构中，最高层的对象是窗口对象（Window），它代表当前的浏览器窗口；之下是文档（document）、事件（event）、框架（frame）、历史（history）、地址（location）、浏览器（navigator）和屏幕（screen）对象；在文档对象之下包括表单（form）、图像（image）和链接（link）等多种对象；在浏览器对象之下包括 MIME 类型对象（mimeType）和插件（plugin）对象；在表单对象之下还包括按钮（buttom）、复选框（checkbox）、文件选择框（fileUpload）等多种对象。

了解了浏览器对象的层次结构之后，我们就可以用特定的方法引用这些对象，以便在脚本中正确地使用它们。

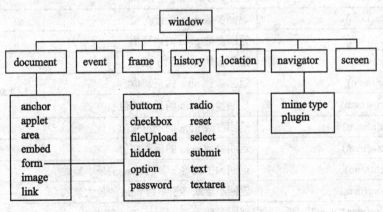

图 5-4 文档对象模型

在 JavaScript 中引用对象方式与典型的面向对象方法相同,都是根据对象的包含关系,使用成员引用操作符(.)一层一层地引用对象。例如，如果要引用 navigator 对象，应使用 window.navigator；如果要引用 frame 对象，应使用 window.frame。由于 window 对象是默认的最上层对象,因此引用它的子对象时,可以不使用 window.。也就是说,可以直接用 navigator

引用 navigator 对象，用 document 引用 document 对象。

当引用较低层次的对象时，一般有两种方式——使用对象索引、使用对象名称或 ID。例如，在网页中有以下表单：

```
<form id="userInfo" name="userInfo" method="post" action="">
    <input name="XM" type="text" id="XM">
</form>
```

可以用对象名称的方法引用表单：document.forms["userInfo"]或直接用 document.userInfo 来引用该表单；当然，如果此表单刚好是所在网页中的第一个表单，则可以用对象索引 document.forms[0]来引用此表单；用 document.userInfo.XM 来引用该文本域对象。

还可以使用 this 关键字引用当前对象。在 JavaScript 由于对象的引用是多层次、多方位的，往往一个对象的引用又需要对另一个对象的引用，而另一个对象有可能又要引用另一个对象，这样有可能造成混乱，最后自己也不知道现在引用的哪一个对象。为此 JavaScript 提供了一个用于将对象指定当前对象的语句 this，this 关键字的使用方法请参见 5-9.html 示例。

2. document 对象

document 对象代表当前浏览器窗口中的文档，使用它可以访问到文档中的所有其他对象（例如图像、表单等），因此该对象是实现各种文档功能的最基本对象。

（1）document 对象的常用属性

document 最常用的属性包括：

①all：表示文档中所有 HTML 标记符的数组。

②bgColor：表示文档的背景颜色。

③forms[ ]：表示文档中所有表单的数组。

④title：表示文档的标题。

有关 JavaScript 中的所有对象的全部属性，可以使用 Dreamweaver 的参考面板来查看：打开参考面板（Shift+F1），选择参考书籍"O'REILLY JavaScript Reference"，再选择要查看的对象可以获得十分详细的参考信息，如图 5-5 所示。

图 5-5　使用 Dreamweaver 参考面板

151

注意：对象的属性是区分大小写的，如 bgColor 不能写成 bgcolor。

以下示例显示了 bgColor 的属性和 this 关键字的使用方法，结果如图 5-6 所示。

---清单 5-9　　5-9.html---

```html
<html>
<head>
    <title>改变背景颜色</title>
</head>
<Script language="JavaScript" type="text/JavaScript">
    function chgBg(color)
    {document.bgColor=color;}
</Script>
<body>
    <table height="45" border="0" align="center" cellpadding="0" cellspacing="0">
     <tr>
       <td width="150">请选背景颜色:</td>
       <td width="50" bgcolor="#FF0000" onClick="chgBg(this.bgColor)"> </td>
       <td width="50" bgcolor="#00FF00" onClick="chgBg(this.bgColor)"> </td>
       <td width="50" bgcolor="#0000FF" onClick="chgBg(this.bgColor)"> </td>
       <td width="50" bgcolor="#CCCCCC" onClick="chgBg(this.bgColor)"> </td>
     </tr>
    </table>
</body>
</html>
```

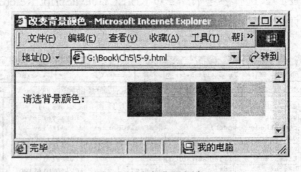

图 5-6　改变背景颜色

程序说明：

①this.bgColor 用来获取当前单元格的背景色。

②chgBg(this.bgColor)，调用函数时，this.bgColor 作为函数的实参。

（2）document 对象的常用事件

在客户端脚本中，JavaScript 通过对事件进行响应来获得与用户的交互。例如，当用户单击一个按键或者在某段文字上移动鼠标时，就触发了一个单击事件或鼠标移动事件，通过对这些事件的响应，可以完成特定的功能（例如，单击按钮弹出对话框，鼠标移动到文本上后劲文本变色等）。

实际上，事件（event）在此的含义就是用户与 Web 页面交互时产生的操作。当用户进行单击按钮操作时，即产生了一个事件，需要浏览器进行处理。浏览器响应事件并进行处理的过程称为事件处理，进行这种处理的代码称为事件响应函数。

在前面我们已经多次使用过 onclick 事件，它表示鼠标单击时产生的事件。对于 document 对象来说，还有两个常用的事件：onload 和 onunload 事件，分别在文档装完毕和卸载（或从当前页跳转到其他页）完毕时发生。

以下示例显示了这两个事件的作用，结果如图 5-7 所示。

--清单 5-10　5-10.html--

```html
<html>
<head>
    <title>onload 和 onunload</title>
    <Script language="JavaScript" type="text/JavaScript">
      function bookmarkit( )
      {window.external.addFavorite('http://zdf.blogBus.com','ZDF 的主页--时间的碎片')}
    </Script>
</head>
<body onload="alert('欢迎光临--ZDF 的主页:时间的碎片!')"
onunload="bookmarkit( )">
</body>
</html>
```

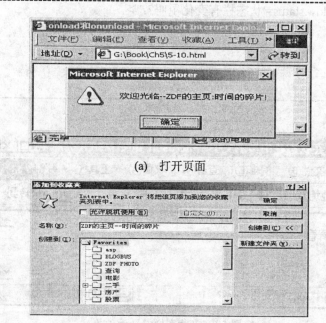

(a)　打开页面

(b)　关闭页面

图 5-7

高等院校计算机系列教材

（3）document 对象的常用方法

如图 5-5 所示，document 对象存在几十种方法，其中 write（）为常用的方法之一。write( )表示在文档中输出内容，我们在前面的示例中已经多次使用过它。这里，请读者自行编写一个基本的输出程序，输出"Hello World"。

5.2.4　Window 对象

Window 对象包含了 document、navigator、location、history 等子对象，是浏览器对象层次中最顶级对象，代表当前窗口。当遇到 body、frameset 或 frame 标记符时创建该对象实例。另外，该对象的实例也可以由 window.open( )方法创建。

说明：所谓实例是面向对象技术中的一个术语，表示抽象对象的一次具体实现。

1．Window 对象的常用属性

①document：表示窗口中显示的当前文档。

②history：表示窗口中最近访问过后 URL 列表。

③location：表示窗口中显示的 URL。

④staus：表示窗口状态栏中的临时信息。

例如，以下示例显示了如何在状态栏中显示文字，结果如图 5-8 所示。

--清单 5-11　　5-11.html--

```html
<html>
<head>
    <title>在状态栏中显示文字</title>
</head>
<body onLoad="window.status='状态栏有变化了吗??'">
    请看状态栏
</body>
</html>
```

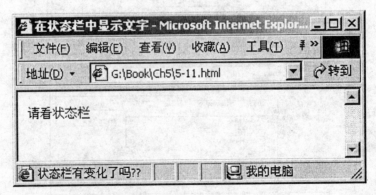

图 5-8　在状态栏中显示文字

2. Window 对象的常用方法

Window 对象的常用方法如下:

①alert(string) : 显示提示信息对话框。

②clearInterval(interval):清除由参数传入的先前用 setInterval( )方法设置的重复操作。

③close:关闭窗口。

④confirm( ):显示确认对话框,其中包含"确定"和"取消"按钮(或 OK 和 Cancel 按钮),如果用户单击"确定"按钮,confirm( )返回 true;相反返回 false。

⑤open(pageURL,name,parameters);创建一个新窗口实例,该窗口使用 name 参数作为窗口名,装入 pageURL 指定的页面,并按照 parameters 指定的效果显示。

⑥prompt(string1,string2):弹出一个键盘输入的提示对话框,参数 string1 的内容作为提示信息,参数 string2 的内容作为文本框中的默认文本。

以下示例显示了 window 对象的打开关闭窗口的方法的应用,结果如图 5-9 所示。打开网页 5-12-1.html 时弹出一个新窗口,点击新窗口中的"关闭"按钮并确认才能关闭新窗口。注意,在本示例中这两张网页是放在同一文件夹下的。

--清单 5-12-1 5-12-1.html--

```html
<html>
<head>
    <title>window 对象方法的应用</title>
</head>
<body onLoad="window.open('5-12-2.html','新窗口名称','height=150,
width=300')">
    看到新窗口了吗?
</body>
</html>
```

--清单 5-12-2 5-12-2.html--

```html
<html>
<head>
    <title>新窗口</title>
</head>
<body >
    <font color=red>这里是新窗口</font><br>
    <a href="JavaScript:if(confirm('你确实要关闭当前窗口吗?'))window.close( )">关闭本窗口
</a>
</body>
</html>
```

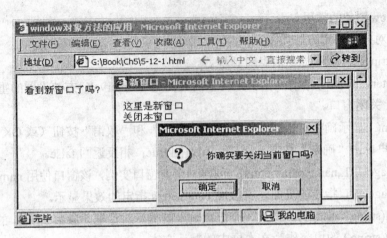

图 5-9　使用 Window 对象的常用方法

5.2.5　form 对象

form 对象也叫表单对象，是浏览者与网页进行交互的重要工具，通过使用 JavaScript 中表单中的各种控件对象（如按钮、文本域等），可以实现某些单独用 HTML 不能实现的功能。

由于不同的表单控件具有不完全相同的属性、方法和事件，因此以下不再一一说明，仅举最常见的两个应用——提交表单时文本域中的最少字限和在文本域输入字数统计来说明 form 对象的用法。

1. 提交表单文本域字数限制

在很多情况下，用户在提交表单时就会由用户计算机来判断表单是否符合要求。如注册新用户时，用户名不得少于 2 个字符，不得多于 8 个字符等。下面的例子来判断用户名是否符合要求。

---清单 5-13-1　5-13-1.html---

```
<html>
<head>
    <title>检查用户名</title>
    <Script language="JavaScript">
    function checkMaxLen(inputName,maxLen,msg)//最多字数控制
    {
      if (inputName.value.length >maxLen)
       { inputName.value = inputName.value.substring(0,maxLen);
           alert(msg);
       }
    }

    function checkMinLen(inputName,minLen,msg)//最少字数控制
    {
    if (inputName.value.length <minLen)
```

```
          {alert(msg);
         return false;}
        return true;
          }
    </Script>
</head>
<body>
     <form name="form1" method="post" action="5-13-2.html" onSubmit="JavaScript:return
checkMinLen(this.userName,2,'用户名不能短于两个字节!')">
        <input name="userName" type="text" id="userName" onKeyUp
        ="checkMaxLen(this.form.userName,8,'用户名不能长于 8 个字节')">
        <input type="submit" name="Submit" value="注册">
     </form>
</body>
</html>
```

运行结果图略。

程序说明：

①inputName.value.length 获取用户输入的文字的字符数，这里汉字和英文字符的长度均为 1。

②inputName.value.substring(0,maxlen)获取用户输入的前面的 maxlen 个字符，舍去后面的字符。

③<form name="form1" method="post" action="5-13-2.html" onSubmit="JavaScript:return checkMinLen(this.userName,2,'用户名不能短于两个字节!')">，onSubmit 表示当客户提交表单时，先执行函数 checkMinLen( ),如果返回 true 就可以继续提交表单，否则不提交表单。

④<input name="userName" type="text" id="userName" onKeyUp="checkMaxLen(this.form.userName,8,'用户名不能长于 8 个字节')">中，onKeyUp="checkMaxLen(…)"，表示当放开键盘的键时，执行该函数。

学习了这一个例子后，我们可以考虑一下，怎么判断两个文本域的内容是否相同？

2. 统计文本域中的字数

--清单 5-14-1　5-14-1.html--

```
<html>
<head>
    <title>表单字数统计</title>
    <Script language="JavaScript" type="text/JavaScript">
    function gbcount(message,total,used,remain)//字数统计
    {
      var max;
      max =total.value;
```

```
        if (message.value.length > max) {
        message.value = message.value.substring(0,max);
        used.value = max;
        remain.value = 0;
        alert("您输入的帖子内容已经超过系统允许的最大值"+max+"字节！\n 请删减部分帖子
内容再发表！ ");
        }
        else {
          used.value = message.value.length;
          remain.value = max - used.value;
        }
      }
  </Script>
</head>
<body>
  <form action="5-13-2.html" method="post" name="reply" id="reply">
    <table width="350" align="center" cellpadding="0" cellspacing="0">
      <tr>
        <td height="30">字数统计:
        字限:<input name="total" type="text" id="total" value="1024" size="5" disabled>
        已写:<input name="used" type="text" id="used" value="0" size="5" disabled>
        剩 余 :<input  name="remain"  type="text"  id="remain"  value="1024"  size="5"
disabled></td>
      </tr>
      <tr>
        <td align="center"> <textarea name="content" cols="40" rows="8" id="content" onKey
Up="gbcount(this.form.content,this.form.total,this.form.used,this.form.remain)" ></textarea></td>
      </tr>
      <tr>
        <td height="30" align="center">
          <input type="submit" name="Submit" value="OK!__提交表单!">
          <input type="reset" name="Submit2" value="重置">
        </td>
      </tr>
    </table>
  </form>
</body>
</html>
```

--清单 5-14-2　5-14-2.html---
```
<html>
<head>
    <title>提交表单成功</title>
</head>
<body>
    表单已经提交!
</body>
</html>
```

请读者自行分析调试此示例, 在需要时可以修改部分代码。结果如图 5-10 所示。

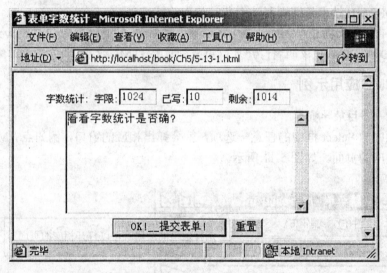

图 5-10　文本域字数统计

5.3　DHTML 技术

本节首先介绍 DHTML 的基本概念, 接着用若干实例说明 DHTML 技术在网页制作中的应用。

5.3.1　什么是 DHTML

我们在浏览很多网站时把鼠标指针移动到页面的导航条上时, 会动态地弹出一些菜单, 在该菜单中移动鼠标, 鼠标所指的菜单项会用另一种颜色显示; 如果鼠标指针移出菜单所在范围, 则菜单会自动隐藏; 如果将鼠标指针移动到导航条上另外一个区域, 则会弹出另一个菜单。

这种效果非常类似于 Windows 应用程序的特性, 即通过图形化的界面为用户提供尽可能多的功能。实际上, 采用这种方式可以使同一个页面上包含更多的信息, 对于一些内容和功能较多的页面非常适用。

要实现这种效果,单纯依靠 HTML 或 JavaScript 已经无法实现,必须把 HTML、JavaScript 和 CSS 有机地结合起来在客户端混合使用以实现某些效果,这种有机的结合也就是动态 HTML(Dynamic HTML、简称 DHTML)。同时我们要明白,它并不是一种新的语言。

DHTML 建立在原有的技术基础上,可以分为三个方面:一是 HTML,也就是页面中的各种页面元素对象,它们是被动态操纵的内容之一;二是 CSS,CSS 的属性也是动态操纵的内容之一,从而获得动态显示效果;三是客户端脚本(本书使用 JavaScript),它实际操纵 Web 页上的 HTML 和 CSS。

使用 DHTML 技术,可使网页设计者创建出能够与用户交互并包含动态内容的页面。实际上,DHTML 使网页设计者可以动态操纵网页上的所有元素。利用 DHTML 技术网页设计者可以动态地隐藏或显示内容(如菜单)、修改样式定义等。当然 DHTML 还可以将元素和外部数据库等数据源和网页结合起来使用,且 DHTML 的脚本在客户端执行,不占用服务器资源,所以 DHTML 技术是网页网站中非常常用的技术之一。

提示:DHTML 代码可以手工编写(如记事本编写),也可以用 Dreamweaver 等网页编辑工具实现,如 Dreamweaver 中的“行为”可以用来创建 DHTML 效果。本节用手工编写 DHTML。

5.3.2 DTHML 应用示例

1. 示例 1——目录导航器

点击页面中的 Select 框中的任意一选项,就会弹出相应的窗口,例如点“MSN 中国”时就会转跳到相应的页面。如图 5-11 所示。

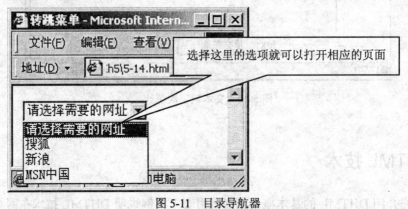

图 5-11 目录导航器

--清单 5-15 5-15.html--

```html
<html>
<head>
    <title>转跳菜单</title>
</head>
<body>
    <form id="form1" name="form1" method="post" action="">
    <select name="select" onchange="window.location.href
```

```
      =this.options[this.selectedIndex].value">
        <option>请选择需要的网址</option>
        <option value="http://www.sohu.com">搜狐</option>
        <option value="http://www.sina.com">新浪</option>
        <option value="http://www.MSN.com.cn">MSN 中国</option>
      </select>
    </form>
  </body>
</html>
```

程序说明：

onchange="window.location.href=this.options[this.selectedIndex].value"中 onchange 是事件，选择下列表选项时就触发了该事件；window.location.href="URL 地址"是使用 window 对象的 href 属性重新定向页面。

2. 示例2——使用层制作动态菜单

上一小节中用显示与隐藏表格制作动态菜单，但是这种菜单不能处于别的文字的上一层，这一节中我们用层的显示与隐藏制作能显示在最上面一层的菜单，原理和上一节的非常相似，只是一些具体的语句不同而已。结果如图 5-12 所示。

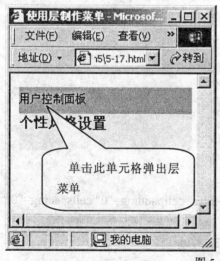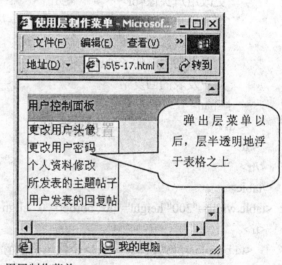

图 5-12 用层制作菜单

```
---------------------------------------- 清单 5-16    5-16.html ----------------------------------------
<html>
<head>
  <title>使用层制作菜单</title>
  <Script language="JavaScript">
  function disp(obj)
  {
```

```
        if (obj.style.visibility= ="visible")
        {obj.style.visibility="hidden";}
        else
        {obj.style.visibility="visible";}
        }
    </Script>
</head>
<body>
    <table width="200" border="0" align="center" cellpadding="0" cellspacing="0">
    <tr bgcolor="#99CC00">
        <td height="30" style="cursor:hand" onClick="disp(KZ)">用户控制面板</td>
    </tr>
    <tr height="0">
        <td>
            <div   id="KZ" style="position:absolute; z-index:2; visibility: hidden; background-color:
#FFFFFF;  layer-background-color: #FFFFFF;  border:  1px  solid  #ff0000;filter:  Alpha
(Opacity=80);">
                <span style=" line-height:20px">
                更改用户头像<br>
                更改用户密码<br>
                个人资料修改<br>
                所发表的主题帖子<br>
                用户发表的回复帖
                </span>
            </div>
        </td>
    </tr>
    </table>
    <table width="200" height="40" border="0" align="center" cellpadding="0" cellspacing="0">
    <tr>
        <td bgcolor="#99FF99"> <h3>个性风格设置</h3> </td>
    </tr>
    </table>
</body>
</html>
```

----

3. 示例3——自动插入 UBB 代码标记符

在一些不支持使用 HTML 的地方（如用户的留言中）需要对文字进行格式化，可以采用一种特殊的标记，如用[B]要格式的文字[/B]来表示把中间的文字粗体显示出来，这种标记在

BBS 中非常流行通常被称做 UBB（Ultimate Bulletin Board）代码。在显示这些使用过 UBB 标记符的文字里，用正则表达式来找出这些 UBB 标记符，然后按照一定的含义把它们还原成需要的文字格式。结果如图 5-13 所示。

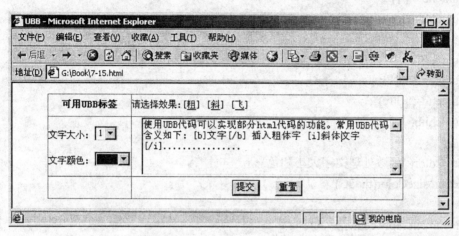

图 5-13　自动插入 UBB 代码标记符

--清单 5-17　5-17.html--

```html
<html>
<head>
    <title>UBB</title>
    <script language="javascript" type="text/javascript">
    /* fontchuli　函数改变文体区域 content 中的内容*/
    function fontchuli( ){
        if ((document.selection)&&(document.selection.type == "Text")) {
            var range = document.selection.createRange( );
            var ch_text=range.text;
            range.text = fontbegin + ch_text + fontend;
        }
        else {
            document.reply.content.value=fontbegin+document.reply.content.value+fontend;
            document.reply.content.focus( );
        }
    }
    /*Blod( ),Incline( )等函数是改变两个变量 fontbegin 和 fontend 的值,以供 fontchuli( )函数使用 */
    function Bold( ) {
        fontbegin="[B]";
        fontend="[/B]";
        fontchuli( );
```

```
    }
    function Incline( ) {
        fontbegin="[I]";
        fontend="[/I]";
        fontchuli( );
    }
    function Fly( ) {
        fontbegin="[Fly]";
        fontend="[/Fly]";
        fontchuli( );
    }
    /*sizeColor( )函数处理文字大小和色彩*/
    function sizeColor(theSC)
    {
        document.reply.content.value +=theSC + ";
        document.reply.content.focus( );
    }
  </script>
</head>
<body>
    <form action="" method="post" name="reply" id="reply">
        <table border="0" align="center" cellpadding="0" cellspacing="1" bgcolor="#6595d6">
          <tr bgcolor="#FFFFFF">
              <td height="30" align="center"> <b>可用 UBB 标签</b> </td>
              <td   height="30"> 请 选 择 效 果 :[<a   href="javascript:Bold( )"> 粗 </a>]   [<a
href="javascript:Incline( )">斜</a>] [<a href="javascript:Fly( )">飞</a>]</td>
          </tr>
          <tr bgcolor="#FFFFFF">
              <td height="30" align="left">文字大小:
                  <select name="size" id="size" onchange=sizeColor
                  ('[size='+this.value+']内容[/size]')>
                  <option value="1">1</option>
                  <option value="2">2</option>
                  <option value="3">3</option>
                  <option value="4">4</option>
                  </select>
          <br><br>
          文字颜色:
              <select  name="color"  id="color"  onchange=sizeColor  ('[color='+this.value+'] 内 容
              [/color]')>
```

```
        <option style='COLOR:000000;BACKGROUND-COLOR:000000' value =000000>
           黑色</option>
        <option style='COLOR:FF0000;BACKGROUND-COLOR:FF0000' value
           =FF0000>红色</option>
        <option style='COLOR:008000;BACKGROUND-COLOR:008000' value =008000>
           绿色</option>
        <option style='COLOR:0000FF;BACKGROUND-COLOR:0000FF' value
           =0000FF>蓝色</option>
      </select>
    </td>
    <td align="center"> 
       <textarea name="content" cols="50" rows="5" id="content">
          </textarea> </td>
   </tr>
   <tr bgcolor="#FFFFFF">
     <td height="30" align="center"> </td>
     <td height="30" align="center"><input type="submit" name="Submit" value="提交">
      
       <input type="reset" name="Submit2" value="重置"></td>
    </tr>
  </table>
 </form>
</body>
</html>
```

【练习五】

1. 举例说明网页中插入脚本的三种方法。
2. 简要说明对象的概念，并说明为什么 JavaScript 是基于对象的基本语言。
3. 简要说明什么是 DHTML 技术。浏览几个大型网站首页找出其中应用的 DHTML 技术，并分析代码。

【实验五】　选项页式菜单的定制

实验内容：

1. 制作选项页式菜单，外观如图 5-14 所示。

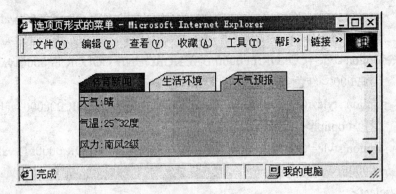

图 5-14

2．页关键代码如下：

（1）定义行的 Id 和显示样式

    `<tr id="shengHuo" style="display:none">…</tr>`

（2）自定义 JavaScript 过程

  `function disp(obj)`

   `{tiYu.style.display="none";`

   `shengHuo.style.display="none";`

   `tianQi.style.display="none";`

   `obj.style.display="block";}`

（3）调用过程

  `<td onMouseOver="disp(shengHuo)">生活环境</td>`

3．请参考光盘内的网页代码。

第 6 章　动态服务器网页 ASP 基础

【本章要点】

1. ASP 的概念与特点
2. 搭建 ASP 的运行环境
3. ASP 脚本语言——VBScript 的控制结构
4. VBScript 的过程申明与调用

6.1　静态网页与动态网页的工作原理

前面几章我们学习了 HTML、CSS 和客户端 JavaScript，这些技术能够编写静态网页。用户在浏览这些网页时，服务器找到该网页并直接把这些网页的代码发送给客户端，静态网页发布后内容不会发生变化，如果要改变网页内容就必须先修改网页再重新上传发布。静态网页的工作原理如图 6-1 所示。

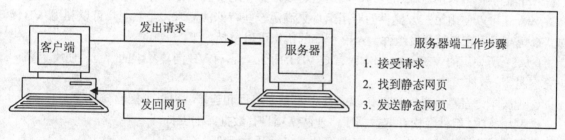

图 6-1　静态网页的工作原理

显然这些静态网页技术无法构成常见的 BBS、留言板、聊天室等站点，一般用动态网页技术制作这些站点。所谓动态网页，就是说该网页文件中不仅含有 HTML 标记，而且含有服务器端的程序代码。动态网页在发布后，内容可以由用户进行更改，如 BBS 中用户能进行发帖和回复帖子，而且这些内容能显示在网页上面，别的用户也可以看到这些内容。

动态网页的工作原理与静态网页有很大的不同：当你在浏览器里输入一个动态网页网址回车后，就向服务器端提出了一个浏览网页文件的请求；服务器端接到请求后，首先会找到你要浏览的动态网页文件，然后就执行网页文件中的程序代码，将含有程序代码的动态网页转化为标准的静态网页，最后将静态网页发送给你，原理如图 6-2 所示。

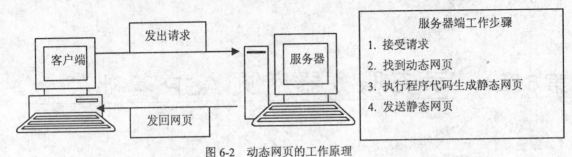

图 6-2　动态网页的工作原理

6.2　ASP 入门

6.2.1　ASP 概述

微软公司推出的 ASP 是制作动态网页最常用的技术之一。ASP 全称 Active Server Pages，它有简单易学和有微软的强大支持等优势，因此使用非常广泛，很多大型的站点都是用 ASP 开发的。

ASP 动态网页也就是在静态网页中嵌入服务器端的 VBScript 或 JavaScript 脚本语言，当客户请求一个 ASP 文件时，服务器就把该文件解释成静态网页文件发送过去。在服务器端运行脚本语言带来了很多的好处：第一，服务器端的脚本（如 VBScript 或 JavaScript）可以不受客户端浏览器的限制；第二，可以很方便地和服务器交换数据，比如存取数据库。

ASP 提供很多内部对象和组件，利用它可以很方便地实现上传、存取数据库等功能。除此之外，还可以使用第三方提供的专用组件来满足一些特殊的需求，当然用户可以利用 VB 或 VC 等高级语言自行开发组件。ASP 程序的优点可以概括如下：

①ASP 所使用的 VBScript 脚本语言是 VB 的子集，它有 VB 简单易学的特点，使用起来非常容易。

②把脚本语言直接嵌入 HTML 文档中，不需要编译和连接就可以直接解释运行。

③利用 ADO 组件轻松存取数据库，使网络项目有数据库的支持。

④面向对象编程，可以使用第三方组件或自行开发组件。

6.2.2　ASP 的运行环境

ASP 文件是在服务器端运行的，所以要学习 ASP 必须先搭建好 ASP 的运行环境。在服务器端可以选择多种操作系统，其具体配置如下：

（1）Windows 98 + PWS4.0（Personal Web Server 4.0,个人 Web 服务管理器）

（2）Windows 2000+IIS5.0（Internet 信息服务管理器 5.0)

（3）Windows XP+IIS5.0（Internet 信息服务管理器 5.0)

客户端只需要普通的浏览器就可以了（如 IE6.0）。一般学习 ASP 时在自己的计算机中编写并调试好后再上传到专门的服务器中去，因此，编写兼调试的这台计算机既是服务器又是客户端，必须安装有服务器端软件和客户端所必需的软件。

本节就以 Windows 2000 Professional 版为例，简要介绍 IIS 5.0 的安装和配置过程。

IIS 管理器是 Windows 2000 的组件之一，但是在 Windows 2000 Professional 版的典型安装中没有安装此组件，一般要手动添加此组件。打开[控制面板]选择[添加/删除程序]，再选择[添加/删除 Windows]组件如图 6-3 所示。

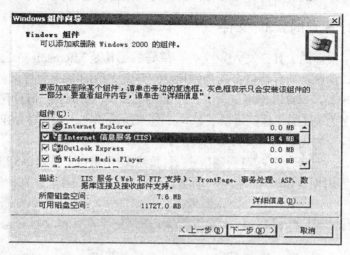

图 6-3　Windows 组件向导对话框

选择[Internet 信息服务(IIS)]，并插入 Windows 2000 系统光盘点[下一步]按钮，随后根据提示一步步安装即可。

安装完毕后，打开 IE 浏览器在并输入 http://localhost，如果能显示 IIS 欢迎页面，就表示安装成功。

此时，IIS 的默认主目录是"c:\inetput\wwwroot"，可以把制作的 ASP 网页保存在此文件夹下。但是我们最好为每一个新的网站添加一个虚拟目录，比如"D:\asp"，这样更方便以后的制作，添加虚拟目录有多种方法，这里使用最简单的一种：在 D 盘新建一个文件夹并命名为"asp"，打开文件夹的属性，选择[Web]共享选项页，选中[共享这个文件夹]单选按钮，如图 6-4 所示，再点击[确定]按钮就可以了。

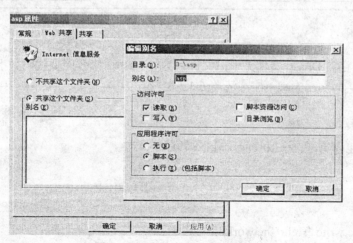

图 6-4　对文件夹进行 Web 共享

关于 IIS 的更详细的设置方法请参照 IIS 的帮助文件。

注意：进行 Web 共享的文件夹的名称一般不要使用中文，且文件夹的名称中不要包含有点"."等字符。在图 6-2 的编辑别名对话框中，一般情况下默认别名和 Web 共享的文件夹名称一致，当然你可以修改别名为其他名称，但作为初学者不要修改此别名以免发生混淆。

6.2.3 制作一个简单的 ASP 文件

我们可以使用很多的工具开发 ASP 文件，最好的工具是 Microsoft Visual InterDev，利用它不仅可以编写、调试，而且可以多人合作开发，开发大型的 Web 程序最好使用它。

对于初学者来说，也可以使用记事本、FrontPage、Dreamweaver 等任何文本编辑器编写完毕后存成扩展名为 asp 的文件就可以了。本书使用 Dreamweaver 编写 ASP 文件，它有强大的代码提示功能，可视化编写网页外观的功能。

打开 Dreamweaver，选择菜单[新建]，打开[新建文档]窗口，选择[ASP VBScript 动态页]如图 6-5 所示，点击[创建]按钮新建 ASP 动态页面。

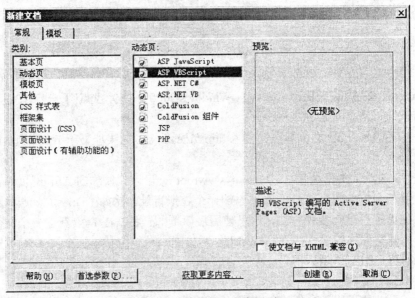

图 6-5 新建 ASP 动态网页

把此文件保存在 D:\asp 文件夹下，文件名为 6-1.asp，修改网页代码如下：

```
--------------------------------------------------清单 6-1    6-1.asp--------------------------------------------------
<html>
<head>
    <title>我的第一个 ASP 页面</title>
</head>
<body>
 <%
    response.write "Hello,the world!"
 %>
```

```
</body>
</html>
```

在确保此文件夹已经 Web 共享的情况下，打开 IE 浏览器并在地址栏输入以下地址之一均可运行动态网页 6-1.asp：

（1）http://localhost/asp/6-1.asp

（2）http://本计算机的名字/asp/6-1.asp

（3）http://127.0.0.1/asp/6-1.asp

（4）http://本计算机的 IP 地址/asp/6-1.asp

在第三种方法中，127.0.0.1 是指本机的地址，主要用于测试。在 Windows 系统中这个地址有一个别名就是 "localhost"。通过第四种方法，别人可以通过 Internet 访问你的 ASP 文件，当然前提是你的计算机已经连入 Internet 且别人知道你的 IP 地址。这四个地址中，asp 是 Web 共享文件夹的别名，而不是此文件夹的名称。结果如图 6-6 所示。

图 6-6　程序 6-1.asp 的执行结果

在图 6-2 中单击鼠标右键，在弹出的菜单中选择[查看源文件]命令，就会出现如图 6-3 所示的源代码。可以看出，发送到客户端的源文件是经过解释执行的文件，将它和清单 6-1 进行比较，可以看出程序代码已经转化为了标准 HTML 标记。客户端显示的代码如图 6-7 所示。

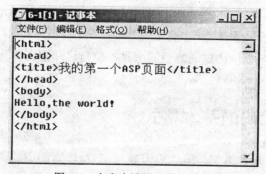

图 6-7　在客户端显示的源代码

6.2.4 ASP 文件的基本组成

从清单 6-1 中可以看出：ASP 文件就是在标准的 HTML 页面中嵌入了 VBScript 代码后形成的，而<%与%>之间的内容就是 VBScript 代码，response.write "Hello,the world!"就是把引号间的内容输出到客户端，也可以在引号内嵌入客户端的 JavaScript，客户端浏览器会执行这些内容。

一个 ASP 文件可以包括以下三个部分：

①HTML、CSS 代码，也就是普通的 Web 页面的内容。

②客户端的 Script 程序代码，位于<Script>与</Script>之间。

③服务器端的 Script 程序代码，位于<%与%>之间。

在 ASP 文件中，VBScript 是服务器端默认的脚本语言，如果要在 ASP 网页中使用其他类型的脚本语言，可以用以下方法切换：

<%@Language=VBScript%> 指定脚本语言为 VBScript

或

<%@Language=JavaScript%>指定脚本语言为 JavaScript

本书中的所有服务器端 Script 程序代码全部使用 VBScript 脚本语言。

6.2.5 开发 ASP 程序时的注意事项

①在 ASP 程序中，字母不分大小写。在本书源程序中，有些地方使用大写字母，有些地方使用小写字母，主要是为了突出语法，方便理解和记忆。而在实际编程中，可以全部用大写字母或全部用小写字母。

②在 ASP 中，凡是用到标点符号的地方，全部都是使用英文标点符号，否则会出错，你可以在英文输入法下输入标点符号。有一种情况除外，就是在字符串中使用标点符号。比如<%resoponse.write "Hello，the world！"%>中的逗号和感叹号都是中文标点符号，这种使用方式是合法的；但是，此时的双引号必须是英文标点符号。

③普通的 HTML 元素可以一行连着写，而 ASP 语句必须分行写。一条 ASP 语句就是一行，不需要分号隔开，不能将多个 ASP 语句写在一行中，也不能将一条 ASP 语句分为多行来写。下面的两个例子都是错误的书写方式：

<% a=3 b=5%>

<% a=

22%>

当某一条 ASP 语句太长一行写不下，也可以不使用回车键换行，而是直接把内容写下去，让它自动换行。

④养成良好的书写习惯，比如说恰当的缩进，使自己和别人阅读方便，以后在修改代码时更方便。

6.3 VBScript 代码的基本格式

ASP 本身不是一种脚本语言，但它却为嵌入 HTML 页面中的脚本语言提供了运行的环境，在 ASP 程序中常用的脚本语言有 VBScript 和 JavaScript 等语言，其中 VBScript 是 ASP 的默认脚本语言。上一章所学习的 JavaScript 脚本程序是在客户端执行，而本节要学习的

VBScript 是在服务器端执行的。

Microsoft Visual Basic Scripting Edition 是程序开发语言 Visual Basic(VB)家庭的最新成员，它将灵活的 Script 应用于更广泛的领域。VBScript 继承了 VB 的简单易学的特点，本节将主要介绍 VBScript 语言的语法。

一般的 ASP 程序都是将 VBScript 代码放在服务器端执行的，此时有两种方法。

方法一：<% VBScript 代码 %>

方法二：<Script Language="VBScript" Runat="Serve">

　　　　　　Script 代码

　　　　</Script>

显而易见，方法一比方法二更加简单明了，一般使用方法一。

有时为了某种需要，可能也会将 VBScript 代码放在客户端执行，此时的语法如下：

<Script Language= "VBScript">

　　VBScript 代码

</Script>

显然这是客户端执行的脚本，在有 ASP 之前也可以这样用，它和我们本节学习的 ASP 没有什么关系。

6.4　VBScript 的数据类型、常量与变量

6.4.1　VBScript 的数据类型

在 VB、C++等高级语言中，有整数、字符、浮点等不同的数据类型，但在 VBScript 中只有一种数据类型，称为 Variant，也叫做变体类型。Variant 是一种特殊的数据类型，根据不同的使用方式，它可以包含不同的数据类别信息，如字符串、整数、日期等。这些不同的数据类别称为数据子类型，如表 6-1 所示。

表 6-1　　　　　　　　　　　　　　　　Variant 的数据子类型

子类型	描　　述
Empty	未初始化的 Variant。对于数值变量，值为 0；对于字符串变量，值为零长度字符串("")
Null	不包含任何有效数据的 Variant
Boolean	包含 True 或 False
Byte	包含 0 到 255 之间的整数
Integer	包含-32,768 到 32,767 之间的整数
Currency	-922,337,203,685,477.5808 到 922,337,203,685,477.5807
Long	包含-2,147,483,648 到 2,147,483,647 之间的整数
Single	包含单精度浮点数，负数范围从-3.402823E38 到-1.401298E-45，正数范围从 1.401298E-45 到 3.402823E38
Double	包含双精度浮点数，负数范围从-1.79769313486232E308 到-4.94065645841247E-324，正数范围从 4.94065645841247E-324 到 1.79769313486232E308
Date (Time)	包含表示日期的数字，日期范围从公元 1000 年 1 月 1 日到公元 9999 年 12 月 31 日
String	包含变长字符串，最大长度可为 20 亿个字符
Object	包含对象
Error	包含错误号

高等院校计算机系列教材

在一般情况下，Variant 会将其代表的数据子类型作自动转换，但有时候，也会遇到一些数据类型不匹配造成的错误，这时可以用 VBScript 的转换函数强制转换数据子类型，还可以使用 VarType 函数返回数据的 Variant 子类型。

6.4.2　VBScript 常量

常量就是拥有固定的数值，它可以代表字符串、数字和日期等常数，常量一经声明，其值不能再改变。声明常量的意义就在于可以在程序的任何部分使用该常量来代表特定的数值，从而方便了编程。例如在计算机程序中常用 PI 来表示 3.14，这样既不易出错，也使程序更加简洁。

申明常量可以使用 Const 语句，例如：

```
<%Const PI=3.14              '表示数值型常数
   Const ConCol="#6595d6"    '表示字符串常数
   Const ConDate=#2030-10-10#  '表示日期常数或日期时间常数
%>
```

常量的引用非常简单。如果使用上面的语句申明了一个 ConCol 这个常量后，在程序的其他地方就可以直接使用这个常量了，如：

```
<% response.write   ConCol %>
```

VBScript 常量的名称必须符合命名规则：可以使用字母、数字和下画线等字符，但第一个字符必须是英文字母，中间不能有标点符号和运算符号，长度不能超过 255 个字符，名称在被申明的作用域内必须是唯一的，当然不能使用 VBScript 关键字如 Dim、Sub、End 等。

和许多高级语言一样，VBScript 常量根据作用域不同可以分为过程级常量和全局级常量。常量的作用域由声明它的位置决定。如果是在一个子程序或函数里声明的常量，只在该过程里有效。否则，在整个 ASP 文件中有效。注意，这里的全局常量也只是在一个网页文件里有效，如果要在不同的网页文件里传递数据，只能利用在以后章节中学习到的其他方法。

6.4.3　VBScript 变量

所谓变量就是存储在内存中的用来包含数据的地址的名字。它与常量最大的区别在于常量一经声明，在使用过程中不能改变它的值，而变量在声明后仍可以随时对它的值进行修改。

声明变量可以使用 Dim 语句，例如：

```
<%
 Dim a   '声明一变量，变量名为 a
 Dim b,c,d  '声明多个变量，变量名为 b,c,d 。声明多个变量时，变量名间用逗号隔开
%>
```

变量的赋值也与许多高级语言相同，变量放在等号的左边，赋值语句放在等号的右边，并且赋值语句可以是表达式形式。例如：

```
<%
Dim i,j,k
i=1
j=i+1
k=i+j
```

```
%>
```

在 VBScript 中，使用变量之前也可以不预先声明它，赋值后将自动声明。这样做虽然可行，但是这样做容易滥用变量引起程序出错，且这种错误不易检查出来，所以不推荐这么做。

如果希望强行要求所有的变量都预先申明，则可以在 ASP 文件的开头添加 Option Explicit 语句，这条语句的意思就是要求所有的变量必须先申明再使用。例如：

```
<%
Option Explicit
Dim a,b,c
a="22"              ' 此时 a 是 String 子类型
%>
```

6.5　VBScript 数组

我们可以这样理解，数组是存储在内存中的用来包含数据的一组地址的名字。简单地说，就类似于一排存放药品的抽屉，我们可以在每一个抽屉中存放药品，只要根据编号就可以方便地找到任意一个抽屉中的药品。

数组的命名、声明、赋值和引用和上一节学习的变量基本上是相同的，所不同的是数组要声明数组的长度。

```
<%
Dim a(4),sum
a(0)=4
a(1)=8
sum=a(0)+a(1)
%>
```

注意：VBScript 数组从 0 开始编号，如上面定义的数组 a(4) 有 5 个元素，而不是 4 个元素。

当然，可以声明多维数组，比如常用的二维数组和三维数组。下面的例子中声明一个三行两列的二维数组。

```
<%
Dim a(2,1)
a(0,0)=77
%>
```

6.6　VBScript 运算符

VBScript 继承了 Visual Basic 的所有类别的运算符，包括算术运算符、比较运算符、逻辑运算符和连接运算符。

其中算术运算符用于连接运算表达式；比较运算符用于比较数值或对象；逻辑运算符主要用于连接逻辑变量；连接运算符用来连接两个字符串。表 6-2 列出了 VBScript 的各种运算符及其意义说明。

表 6-2   **VBScript 运算符**

算术运算符		比较运算符		逻辑运算符		连接运算符	
符号	说明	符号	说明	符号	说明	符号	说明
+	加	=	等于	Not	逻辑非	&	用于连接两个字符串
−	减	>	大于	And	逻辑与	+	和"&"运算符作用相同
*	乘	<	小于	Or	逻辑或		
/	除	>=	大于或等于	Xor	逻辑异或		
\	取整除法	<=	小于或等于	Eqv	逻辑等价		
Mod	取余数	<>	不等于	Imp	逻辑隐含		
^	幂运算	Is	比较两个对象是否相同				

在这些运算符中，算术运算符是最常用的，它返回一个数值。如：

```
<% Dim a,b,s
a=1
b=2
s=a+b %>
```

比较运算符和逻辑运算符返回一个逻辑值 True 或 False，在条件语句中使用得最多。如：

```
<%
dim bo,a
bo=(1>2)
if bo then a=3
%>
```

连接运算符用于连接两个字符串，它可以使用"&"或"+"，其中"+"容易和算术运算中的"+"混淆，所以一般用"&"来连接两个字符串，也可以连接字符串和字符串变量。

```
<% dim str1,str2
str1="你好！"
str2=str1&"欢迎光临！"
response.write str2
%>
```

上述四类运算符出现在同一表达式中，先运算（）内的内容，没有（）或在同一个（）内的运算符有优先级，运算存在先后的次序：最先是算术运算符，其次是连接运算符，再次是比较运算符，最后才是逻辑运算符。在使用的时候可以多加（），以达到自己想要的运算次序。

6.7　VBScript 内置函数

VBScript 中有许多内置函数，这些内置函数将有一定功能的语句的组合在一起以供我们使用，而函数内部是怎么实现这个功能的不需要我们去了解。使用内置函数可以节省大量的时间，使程序代码变得更简单易懂。VBScript 继承了 Visual Basic 中的一些函数，我们只学习这些函数中的最常用的几种。

6.7.1　转换函数

我们已经了解到 Variant 变量有几种子类型，可以通过转换函数进行子类型的强制转换。强制转换的目的是使数据类型相匹配，避免出现类型错误。常用的转换函数如表 6-3 所示。

表 6-3　　　　　　　　　　　几种常用的转换函数及功能

函　　数	功　　能
CStr(Variant)	将 Variant 转化为字符串类型
CDate(Variant)	将 Variant 转化为日期类型
CInt(Variant)	将 Variant 转化为整数类型
CLng(Variant)	将 Variant 转化为长整数类型
CSng(Variant)	将 Variant 转化为 Single 类型
CDbl(Variant)	将 Variant 转化为 Double 类型
CBool(Variant)	将 Variant 转化为布尔(逻辑)类型

例如：

```
<% Dim a,b,str
 a=3
 b=5
str=CStr(a)& "+"&CStr(b)& "="&CStr(a+b)
response.write str
%>
```

其中，使用 CStr(a)将整数类型的 3 转化为字符串类型的"3"，并把这个字符串作为函数的返回值。这段程序的结果是输出字符串"3+5=8"。

6.7.2　字符串相关函数

在 ASP 程序开发中字符串用得非常频繁。比如用户名和用户密码、用户留言等都是当做字符串来处理的。很多时候要对字符串进行截取、大小写转换等操作，我们必须掌握常用的字符串处理函数进行这些操作。常用的字符串处理函数如表 6-4 所示。

表 6-4   常用的字符串处理函数及功能

函　数	功　能
Len(string)	返回 string 字符串的字符数
Trim(string)	去掉字符串两端的空格
Ltrim(string)	去掉字符串前端的空格
Rtrim(string)	去掉字符串后端的空格
Mid(string,start,length)	从 string 字符串的 start 字符开始取得 length 长度的字符串,如果省略 length 参数表示是从 start 字符开始到结束的所有字符
Left(string,length)	从 string 字符串的左边开始取得 length 长度的字符串
Right(string)	从 string 字符串的右边开始取得 length 长度的字符串
LCase(string)	将 string 上的所有字母转为小写
Ucase(string)	将 string 上的所有字母转为大写
StrComp(string1,string2)	返回 string1 字符串与 string2 字符串比较的结果,如果两个字符串相同则返回 0,不同或为 Null 返回其他值
InStr(string1,string2)	返回 string2 字符串在 string1 中第一次出现的位置
Split(string1,delimiter)	将字符串 string 根据 delimiter 拆分成一维数组,其中 delimiter 用于标识子字符串界限字符。如果省略 delimiter,则使用 " " 作为分隔字符
Replace(string1,find,replacewith)	返回字符串,其中指定的子字符串 find 被替换为另一个字符串 replacewith

下面的例子简要说明几个函数的使用方法。

```
<%
Dim str,email
str=Mid("Hello,the world!",7,4)    '返回"the ",注意后面还有一个空格
str=Trim(str)                      '去掉两端的空格,返回"the"
email="zdf@hotmail.com"
if InStr(email,"@")>0 then         '返回数值 4,此方法可以初步判断 email 是否正确
    response.write "email 格式正确!"
else
    response.write "email 格式错误!"
end if
%>
```

Split 的用法稍微复杂一些,下面的例子中把用户的 IP 地址拆分成一个数组,并显示后面的部分 IP。结果如图 6-8 所示。

--清单 6-2　　6-2.asp--

```
<html>
<head>
    <title>Split 函数的使用示例</title>
</head>
<body>
<%
  Dim Ip,arr
  IP="211.69.72.65"
  arr=split(IP,".")    '以 "." 为分界符拆分 IP 成有四个元素的一维数组 arr
  response.write "IP: *.*."&arr(2)&"."&arr(3)
%>
</body>
</html>
```

图 6-8　6-2.asp 的运行结果

6.7.3　日期和时间函数

在 VBScript 中，可以使用日期和时间函数来得到各种格式的日期和时间，比如在论坛中要使用 Now( )函数来记载留言日期和时间，常用的函数如表 6-5 所示。

表 6-5　　　　　　　　　　　　　　常用日期和时间函数

函　　数	功　　　能
Now( )	取得系统当前的日期和时间
Date( )	取得系统当前的日期
Time( )	取得系统当前的时间
Year(Date)	取得给定日期的年份

续表

函　数	功　能
Month(Date)	取得给定日期的月份
Day(Date)	取得给定日期是几号
Hour(time)	取得给定时间是第几小时
Minute(time)	取得给定时间是第几分钟
Second(time)	取得给定时间是第几秒钟
WeekDay(Date)	取得给定日期是星期几的整数，1 表示星期日，2 表示星期一，依此类推
DateDiff("Var",Var1,Var2)	计算两个日期或时间的间隔。其中：Var 表示日期或时间间隔因子，Var1 表示第一个日期或时间，Var2 表示第二个日期或时间
DateAdd("Var",Var1,Var2)	对两个日期或时间作加法
Timer( )	返回 0 以后已经过去的时间，以秒为单位

关于日期和时间函数的使用方法请参照下例，结果如图 6-9 所示。

---清单 6-3　6-3.asp---

```
<HTML>
<HEAD>
    <TITLE>计算整个循环所用的时间</TITLE>
</HEAD>
<BODY>
<%
    Dim startTime,j
    j=0
    startTime=timer( )
    For i=1 To 100000    Step 1    '此处是一个步长为 1 的 For 循环
        j=j+1
    Next
    response.write "循环所用的时间为:"&(Timer( )-startTime) *1000&"毫秒"
%>
</BODY>
</HTML>
```

本方法也可以用来计算打开整个网页所用的时间，请读者自己思考如何使用 Timer( )函数来计算此时间。

图 6-9　计算循环所用的时间

6.7.4　数学函数

常用的数学函数如表 6-6 所示。

表 6-6　　　　　　　　　　　　常用的数学函数功能

函　　数	功　　能
Abs(number)	返回一个数的绝对值
Sqr(number)	返回一个数的平方根
Sin(number)	返回角度的正弦值
Cos(number)	返回角度的余弦值
Tan(number)	返回角度的正切值
Atn(number)	返回角度的反正切值
Log(number)	返回一个数的对数值
Int(number)	取整函数，返回小于等于 number 的第一个整数
FormatNumber(Number, NumDigitsAfterDecimal)	转化为指定小数位数(NumDigitsAfterDecimal)的数字
Ran(number)	以 number 为种子产生随机数
Ubound(数组名称，维数)	返回该数组的最大下标数，如数组只有一维，可以省略维数

例如，使用 FormatNumber(Number,NumDigitsAfterDecimal)函数对 6-3.asp 中的时间保留两位小数，可以把语句 response.write "循环所用的时间为:"&(Timer( )-startTime)*1000&"毫秒改为：response.write "循环所用的时间为:"&FormatNumber((Timer( )-startTime)*1000,2)&"毫秒"。

高等院校计算机系列教材

6.7.5 检验函数

检验函数通常用来检验某变量是否是某种类型，常用的检验函数如表 6-7 所示。

表 6-7 常用的检验函数及功能

函　　数	功　　　能
VarType(Variant)	检查变量 Variant 的值，函数值为该变量的数据类型，0 表示空（Empty），2 表示整数，7 表示日期，8 表示字符串，11 表示布尔变量，8129 表示数组
IsNumeric(Variant)	检验变量 Variant 的值，如果 Variant 是数字类型，则函数值为 True
IsDate(Variant)	检验变量 Variant 的值，如果 Variant 是日期类型，则函数值为 True
IsNull(Variant)	检验变量 Variant 的值，如果 Variant 是无效值，则函数值为 True
IsEmpty(Variant)	检验变量 Variant 的值，如果 Variant 没有设定值，则函数值为 True
IsObject(Variant)	检验变量 Variant 的值，如果 Variant 是对象类型，则函数值为 True
IsArray(Variant)	检验变量 Variant 的值，如果 Variant 是数组类型，则函数值为 True

例如：
```
<% Dim str,blo
str="ASP"
blo=IsNull(str)    '不是无效值，返回 False
response.write blo
%>
```

6.8　VBScript 过程和函数

在上一节中，我们学习了 VBScript 的内置函数，利用这些内置函数可以非常方便地完成某些功能。但当我们要完成其他的一些功能时，发现没有现成的内置函数可用，此时我们需要自己编制过程或函数来完成这些功能。

一种是 Sub 过程，另一种是 Function 函数。两者的区别在于：Sub 过程只是执行程序语句而没有返回值；Function 函数可以将执行代码后的结果返回请求程序。过程和函数的命名规则与变量名命名规则相同。

6.8.1　Sub 过程

1. 声明 Sub 过程的语法

Sub 过程名(参数 1,参数 2,…)

……

End Sub

其中参数是指由调用过程传递的常数、变量或表达式。如果 Sub 过程无任何参数，Sub 语句也必须包含空括号（）。

Sub 过程名（）

…

End Sub

2. Sub 过程调用的两种方式

（1）使用 Call 语句

Call 过程名(参数 1,参数 2,…)

（2）不使用 Call 语句

过程名　参数 1,参数 2,…

注意：用 Call 语句调用子过程时参数需要带有括号，而子过程名直接调用时参数不用括号。

3. 使用过程实例

在上一章中我们使用 JavaScript 和层制作菜单。在这一节，我们把制作菜单写成一个过程，在调用此过程的时候使用不同的参数就可以得到不同的菜单，我们可以体会过程的"一次编写，多次调用"的优点。程序清单如下，执行结果如图 6-10 所示。

```
--------------------------------------------------清单 6-4　6-4.asp--------------------------------------------------
<html>
<head>
<title>使用层制作菜单</title>
<script language="javascript">
function disp(obj)
{
if (obj.style.visibility= ="visible")
    {obj.style.visibility="hidden";}
  else
    {obj.style.visibility="visible";}
    }
</script>
<style>
.caiDan{position:absolute;
  z-index:2;
  visibility: hidden;
  background-color: #FFFFFF;
  layer-background-color: #FFFFFF;
  border: 1px solid #ff0000;
  filter: Alpha(Opacity=80);}
</style>
</head>
<body>
<%
Sub menu(title,content)    '定义过程
response.write  "<table  width=200  border=0  align=center  cellpadding=0  cellspacing=0>  <tr
```

高等院校计算机系列教材

bgcolor=#99CC00> <td height=30 style='cursor:hand' onClick='disp("&title&")'>"&title&"</td> </tr> <tr height=0> <td> <div id="&title&" class='caiDan' >"&content&" </div> </td> </tr> </table>"

End Sub

'四个变量作为两次调用函数的参数

Dim str1,str2,str3,str4

str1="用户控制面板"

str2="<span style= line-height:20px> 更改用户头像
更改用户密码
个人资料修改
所发表的主题帖子
用户发表的回复帖</span>"

str3="风格设置"

str4="<span style= line-height:20px> 默认风格
青青河草
橘子红了
紫色淡雅</span>"

%>

<!-- 下面两次调用 menu 过程，等到两个不同的菜单 -->

<table> <tr>
  <td> <%Call menu(str1,str2)%> </td>
  <td> <%Call menu(str3,str4)%> </td>
</tr> </table>

</body>

</html>

图 6-10　自定义层菜单过程

在过程 menu 中，只有一条语句 response.write，这条语句的内容看起来很复杂，其实很容易理解：

①...<div id="&title&"class...把第一个参数 title 作为放置菜单内容层的 id，这样在多次调用过程时，每个层的 id 都不一样，当然是在菜单的名称不一样的前提下。

②…onClick='disp("&title&")'…在鼠标点击菜单标题单元格时就把层变为显示或隐藏。

③…'>"&title&"</td> </tr>…把第一个参数作为菜单的标题。

④…class='caiDan'>"&content&" </div>…把第二个参数作为菜单的内容。

当然，我们可以查看如图 6-10 所示网页的源文件来理解此过程的定义与调用。

6.8.2　Function 函数

1. 声明函数的语法

　　Function 函数名(参数 1,参数 2,…)

　　……

　　End Function

或

　　Function 函数名( )

　　……

　　End Function

与 Sub 过程类似，其中"参数 1,参数 2,…"是指由调用 Function 传递的常数、变量或表达式。如果 Function 无任何参数，则 Function 语句必须使用空括号。与 Sub 过程不用的是，Function 函数名返回一个值，这个值是在过程语句中赋给函数名的，Function 返回值的数据类型是 Varivant。

2. 函数的调用方法

函数的调用方法与过程略有不同，函数一般放在表达式等号的右端或表达式中直接使用。

3. 使用函数实例

有时候需要在网页中显示某些特殊字符，例如：<、>等与 HTML 标记符相同的符号时，浏览器会自动将<>内的内容解释为 HTML 标记符，因此要用字符实体来替换这些特殊字符。

例如，要在网页上显示"<font color=red>abc</font>"这个字符串时，若直接用 response.write "<font color=red>abc</font>"会得不到想要的结果，得到的是一个红色的"abc"，用字符实体来替换这些特殊字符："<font color=red >abc</font> "。同样，在我们设计的论坛中，用户的留言含有这些特殊的字符时也不能正常显示，甚至导致网页不能正常显示。因此我们经常要把这些特殊字符替换为字符实体来显示，故非常有必要定义一个有这种功能的函数。

下面例子中的函数把一些常用的特殊字符替换为字符实体，我们也可以看出申明和调用 Function 函数的一般方法。运行结果如图 6-11 所示。

```
------------------------------------------------清单 6-5    6-5.asp------------------------------------------------
<HTML>
<HEAD>
    <TITLE> 函数的定义和调用 </TITLE>
</HEAD>
<BODY>
<%
Function myReplace(myString)'
```

```
    myString=Replace(myString,"&","&amp;")          '替换&为字符实体&amp;
    myString=Replace(myString,"<","&lt;")           '替换<为字符实体&lt;
    myString=Replace(myString,">","&gt;")           '替换>为字符实体&gt;
    myString=Replace(myString,chr(13),"<br>")       '替换回车符为换行标记<br>
    myString=Replace(myString,chr(32)," ")     '替换空格符为字符实体 
    myString=Replace(myString,chr(9),"     ")
            '替换 Tab 缩进符为四个空格
    myString=Replace(myString,chr(39),"&acute;")    '替换单引号为字符实体&acute;
    myString=Replace(myString,chr(34),"&quot;")     '替换双引号为字符实体&quot;
        myReplace=myString                          '返回函数值
End Function
Dim str
str="<font color=red>abc</font>"
response.write str        '得到的是一个红色的"abc"
response.write"<br>"
response.write myReplace(str)'用替换为字符实体,得到了正确的结果
%>
</BODY>
</HTML>
```

图 6-11 6-5.asp 运行结果

6.8.3 过程和函数的位置

自定义过程和函数可以放置在 ASP 文件的任意位置上,也可以放在另外一个 ASP 文件中,然后在需要调用过程或函数的文件中插入 HTML 语句:<!--#Inlcude file= "filename "-->。利用 Include 语句不但可以插入函数到别的文件中,还可以把一个文件插入到另一个文件中。例如,6-5.asp 可以改写为如下两个 asp 文件:

---清单 6-6   6-6.asp---

```
<%
Function myReplace(myString)'
    myString=Replace(myString,"&","&amp;")          '替换&为字符实体&amp;
    myString=Replace(myString,"<","&lt;")           '替换<为字符实体&lt;
    myString=Replace(myString,">","&gt;")           '替换>为字符实体&gt;
    myString=Replace(myString,chr(13),"<br>")       '替换回车符为换行标记<br>
    myString=Replace(myString,chr(32)," ")     '替换空格符为字符实体 
    myString=Replace(myString,chr(9),"     ")
            '替换 Tab 缩进符为四个空格
    myString=Replace(myString,chr(39),"&acute;")    '替换单引号为字符实体&acute;
    myString=Replace(myString,chr(34),"&quot;")     '替换双引号为字符实体&quot;
    myReplace=myString                              '返回函数值
End Function
%>
```

---清单 6-7   6-7.asp---

```
<!--#Include file="6-6.asp"-->
<HTML>
<HEAD>
    <TITLE> 函数的定义和调用 </TITLE>
</HEAD>
<BODY>
<%
    Dim str
    str="<font color=red>abc</font>"
    response.write str         '得到的是一个红色的 "abc"
    response.write"<br>"
    response.write myReplace(str)    '用替换为字符实体，得到了正确的结果
%>
</BODY>
</HTML>
```

　　在这里，6-6.asp 和 6-7.asp 放置在同一个文件夹下面。若这两个文件不是在同一个文件夹下面时，Include 语句中"6-6.asp "前面还需要加上 6-6.asp 的相对路径名。

　　我们可以利用这种方法将常用的一些函数和过程都放在同一个文件中，然后在其他文件中包含该函数文件即可，这样函数和过程可以一次定义在多个文件中多次调用。

6.9　VBScript 的控制结构

在没有控制语句的情况下，VBScript 中的代码总是按照书写的先后顺序依次执行。但是在实际应用中，通常要根据情况来改变代码的执行顺序，这时就要用到控制结构。在 VBScript 中，控制结构有两种，即判断结构和循环结构。

6.9.1　判断结构

VBScript 支持的判断结构分条件语句和分支语句两种。

1. 条件语句

条件语句一般使用多行语句的结构，根据条件的真或假指定要运行的语句。以下是多行条件语句的常用的两种形式：

（1）If…Then…End If

      If 条件语句 Then

          执行语句

      End If

（2）If...Then…Else…End If

      If 条件语句 Then

          执行语句 1

      Else

          执行语句 2

      End If

条件语句可以嵌套，每一个"执行语句"中还可以包含有条件语句。因此，条件语句可以形成很多个分支的结构。它的使用方法和含义与其他的高级语言非常相似，这里就不举例说明了。

注意：条件语句除了有多行结构外，还有单行结构，多行结构还有另外几种写法。这里只是列举了条件语句常用的多行结构的常用写法。

2. 分支语句

分支语句也就是 Select Case 语句，它是条件语句的另外一种形式，在某些情况下使用分支语句比条件语句有更强的可读性。当然可以用条件语句实现分支语句的功能。

分支语句的语法结构：

Select Case 变量或表达式

Case 结果 1

   执行语句 1

Case 结果 2

   执行语句 2

……

Case 结果 N

   执行语句 N

Case Else

执行语句 N+1

End Select

在执行 Select Case 语句时，先计算表达式或变量的值，然后将结果与每一个 Case 后的结果进行比较，若相等就执行此 Case 后的 "执行语句 N"，然后退出 Select Case 语句，若与所有的结果（结果 1~结果 N）都不相等，则执行 Case Else 后的执行语句 N+1 后再退出 Select Case 语句。

---清单 6-8　6-8.asp---

```
<HTML>
<HEAD>
    <TITLE> 分支语句的使用 </TITLE>
</HEAD>
<BODY>
<%
    Dim h
    h=Hour(Now( ))    '使用内置函数获取服务器当前时间的小时数
    Select Case h
    Case 0
        response.write "零点"
    Case 1,2,3,4,5
        response.write "夜间"
    Case 7,8,9,10,11,12
        response.write "上午"
    Case Else
        response.write"其他时间"
    End select
%>
</BODY>
</HTML>
```

6.9.2　循环结构

循环结构通常用于重复执行一组语句。在 VBScript 中，提供了多种不同风格的循环，我们学习最常用的 Do 循环和 For 循环。

1. Do 循环

（1）Do while…Loop 循环

语法：

Do while 条件

　执行语句

Loop

（2）Do … Loop while 循环

语法：

```
 Do
  执行语句
Loop While 条件
```

第一种是入口型循环,它先检查条件是否为 True，如果为 True，才会进入循环中执行语句；而第二种是出口型循环，它先无条件地进入循环中执行 1 次后，再判断条件是否为 True，如果为 True，才会继续进入循环中执行语句。

（3）Do Until…Loop 循环

语法：

```
Do Until 条件
 执行语句
Loop
```

（4）Do…Loop Until 循环

语法：

```
 Do
   执行语句
 Loop Until 条件
```

这两种循环中，执行语句直到条件变成 True。它的两种形式和上面的一样，也分别是入口型循环和出口型循环。

用 Do 循环计算"1+2+3+…+100"的值。

--清单 6-9　6-9.asp--

```
<HTML>
<HEAD>
  <TITLE> 使用 Do 循环 </TITLE>
</HEAD>
<BODY>
  <%
   Dim i,s
   i=1
   s=0
   Do While i<=100
      s=s+i
      i=i+1
   Loop
response.write "使用 Do while….Loop 循环:S="&s

i=1
s=0
```

```
Do
    s=s+i
    i=i+1
Loop While i<=100
response.write"<br>使用 Do …. Loop while 循环:S="&s

i=1
s=0
Do Until i>100
    s=s+i
    i=i+1
Loop
response.write"<br>使用 Do Until….Loop 循环:S="&s

i=1
s=0
Do
    s=s+i
    i=i+1
Loop Until i>100
response.write"<br>使用 Do ….Loop Until 循环:S="&s
%>
</BODY>
</HTML>
```

运行结果如图 6-12 所示。

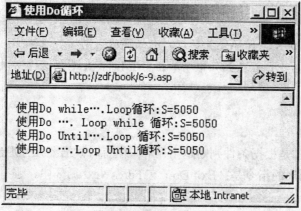

图 6-12 使用 Do 循环

2. For 循环

与 Do 循环不同，For 循环包含有一个循环变量，每执行一次循环，循环变量的值就会增加或减少。For 循环的语法格式是：

For 循环变量=初值 To 终值[Step=步长]

　　执行语句

Next

其中，"循环变量"、"初值"和"步长"都是数值型。步长可正可负，如果为正，初值必须小于或等于终值；如果为负，初值必须大于或等于终值。步长为 1 时，可以省略 Step=1。

用 For 循环求 1+2+3+…+100 的值。

---清单 6-10　6-10.asp---

```
<HTML>
<HEAD>
    <TITLE> 使用 For 语句 </TITLE>
</HEAD>
<BODY>
<%
  Dim i,s
  s=0
  For i=1 To 100
    s=s+i
  Next
  response.write"1+2+3+…+100="&s
%>
</BODY>
</HTML>
```

注意：在 VBScript 中，循环变量在每一次循环后自动增加或减少，不需要在循环中修改循环变量。在 6-10.asp 中，若在循环中增加语句 i=i+1，会造成逻辑错误从而得不到正确的结果。

3. 强行退出循环

一般情况下，都是根据条件判断退出循环，但有时候需要强行退出循环。在 Do…Loop 循环中，强行退出循环的指令是：Exit Do；在 For…Next 循环中，强行退出循环的指令是：Exit For。例如：

```
<%
Dim i,s
s=0
```

```
For i=1 To 100
   s=s+i
  If   i>50 then    '如果 i>50 就强行退出循环
   Exit For
  End If
Next
%>
```

6.10　注释语句和容错语句

6.10.1　注释语句

注释语句在代码执行时将被忽略，合理地使用注释语句可以增加代码的可读性，使维护变得更容易。VBScript 注释语句的语法如下：
```
<%
' 注释行
%>
```
在前面的程序中，我们已经多次使用过注释语句，这里就不再举例说明。

6.10.2　容错语句

一般说来，当程序发生错误时，程序会终止执行并在网页上显示错误信息。但有时不希望程序终止，也不希望将错误显露在访问者面前，这就要用到容错语句。其语法格式为：
```
<%
On Error Resume Next
……
%>
```
要注意的是，调试程序时如果加了该语句，就不会发现错误了。

【练习六】

1．在自己的计算机中编写个人站点主页，使用局域网中的其他计算机访问该页面。
2．$S=1^2+3^2+5^2+\cdots+99^2$，请用两种循环语句编写程序，计算 S 的值。
3．模仿 6-4.asp 编写能生成菜单的过程，注意菜单的外观。

【实验六】　ASP 网页编程基础实验

实验内容：
1．用循环语句把 0~49 中的 50 个整数输出到 5 行 10 列的表格中，如图 6-13 所示。

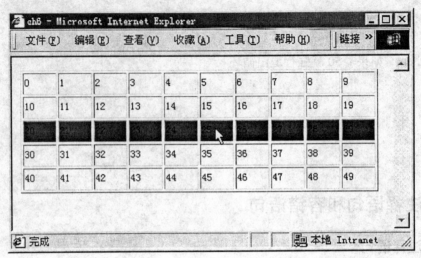

图 6-13

2．当鼠标移动到某一行上面时，此行变色，离开此行时恢复原来的色彩。

3．网页参考代码如下：

```
<html>
<head>
<title>使用循环</title>
</head>
<body>
<%
dim i,j,k
k=0
response.Write "<table width=98%    border=1>"
for i=1 to 5
 response.Write  "<tr  height=25  bgcolor=#ffffff  onMouseOver=JavaScript:this.bgColor='red'
onMouseOut=JavaScript:this.bgColor='#ffffff'>"
 for j=0 to 9
  response.write"<td>"&k&"</td>"
  k=k+1
 next
 response.Write "</tr>"
next
response.write "</table>"
%>
</body>
</html>
```

第7章 ASP 中的对象

【本章要点】

1. Request 对象
2. Response 对象
3. Session 对象
4. Application 对象
5. Server 对象

在 ASP 程序中除了可以使用 HTML 和 VBScript 脚本语言等之外，还可以使用 ASP 的内置对象。使用这些内置对象，可以很容易地获得通过浏览器发送的信息、响应浏览器的处理请求、存储用户信息等，从而使开发工作更加方便、容易。对于一般的使用者只需使用这些内置对象，而不需要了解对象内部的工作原理。

常用的 ASP 的内部对象有：Request、Response、Session、Application 和 Server 等，各对象的主要作用如表 7-1 所示。

表 7-1　　　　　　　　　　　　ASP 的主要内置对象及功能

对　　象	功　能　说　明
Request	从客户端获得数据信息
Response	数据信息输送给客户端
Session	存储单个用户的信息
Server	创建 COM 对象和 Scripting 组件等

7.1　Request 对象

Request 对象的主要作用是从客户端获得某些信息，可以认为使用 Request 对象时，数据是从客户端流向服务器端。

例如，服务器经常需要获得客户端输入的信息，如常见的注册、登录、留言等，用户把相应的信息填写在表单中，然后"提交"表单，这时就需要使用 Request 对象获取表单中的信息，比过去采用 CGI 要简单很多。当然，我们不需要了解 Request 对象的工作原理，只需要了解 Request 对象的属性和方法及其使用就可以了。Request 对象的常用方法和属性如表 7-2 所示。

高等院校计算机系列教材

表 7-2	Request 对象的常用方法
方　　法	功　能　说　明
Form	获取客户端在表单中所输入的信息
QueryString	从查询字符串中读取用户提交的数据
Cookies	取得客户端浏览器的 Cookies 信息
ServerVariables	取得服务器端环境变量信息

7.1.1　使用 Request.Form 获取表单中的数据

Request.Form 是 Request 对象的最常用的方法之一，它用来获取客户端在表单中所输入的信息，请看一个简单的获取用户登录时用户名和密码的例子。

---清单 7-1　7-1.asp---

```
<HTML>
<HEAD>
  <TITLE> 登录面 </TITLE>
</HEAD>
<BODY>
  <FORM METHOD=POST ACTION="7-2.asp">
    用户名:<INPUT NAME="userName" TYPE="text" size="10">
    密码:<INPUT NAME="PS" TYPE="password" size="10">
    <INPUT TYPE="submit" value="登录">
  </FORM>
</BODY>
</HTML>
```

---清单 7-2　7-2.asp---

```
<HTML>
<HEAD>
    <TITLE>获取页</TITLE>
</HEAD>
<BODY>
<%
    dim userName,PS
    userName=request.form("userName")
    PS=request.form("PS")
    response.write "你输入的用户名是:"&userName
    response.write"<br>你输入的密码是:"&PS
%>
```

```
</BODY>
</HTML>
```

程序执行结果分别如图 7-1 和图 7-2 所示。

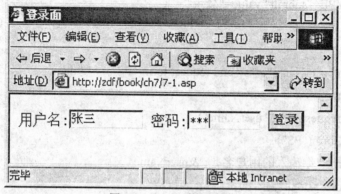

图 7-1 7-1.asp 执行结果

图 7-2 7-2.asp 执行结果

在这里,我们使用了两张网页,7-1.asp 用来显示表单,表单 Action 属性项的值为 7-2.asp,这样用户填写登录信息并点击"登录"按钮会转到第二张网页 7-2.asp;表单的两个文本字段的 Name 属性项的值为 userName 和 PS,为方便在 7-2 中获取它的值做好准备工作。7-2.asp 用来获取用户输入的值并显示出来,用 request.form("userName") 和 request.form("PS")获取两个文本字段的值,然后输出获取到的值,也就是我们在图 7-2 中所看到的结果。

可以在 Action 属性拟定的另一张网页来读取表单中的信息,也可以在表单网页中来读取此信息,下面使用一张网页来实现上例中的效果。

-----------------------------------清单 7-3　　7-3.asp-----------------------------------

```
<HTML>
<HEAD>
    <TITLE>用一张网页实现</TITLE>
</HEAD>
```

```
<BODY>
    <FORM METHOD=POST ACTION="">
    用户名:<INPUT NAME="userName" TYPE="text" size="10">
    密码:<INPUT NAME="PS" TYPE="password" size="10">
    <INPUT TYPE="submit" value="登录">
    </FORM>
  <%
    if request.form("userName")<>"" and request.form("PS")<>"" then
    dim userName,PS
    userName=request.form("userName")
    PS=request.form("PS")
    response.write "你输入的用户名是:"&userName
    response.write"<br>你输入的密码是:"&PS
    end if
  %>
</BODY>
</HTML>
```

执行结果如图 7-3 所示。

图 7-3　7-3.asp 执行结果

在这个例子中，<% if request.form("userName")<>"" and request.form("PS")<>"" then %>这个条件语句表示，如果用户在用户名和密码框中都输入了内容，就执行这个条件语句中的内容：获取信息和显示信息。在第一次打开此页面用户名和密码框中都没有内容时，不会执行条件中的内容，只会显示表单的内容。这个例子的算法结构如图 7-4 所示，当然，你可以按照如图 7-5 所示的算法进一步修改 ASP 网页，请读者按新算法编写网页代码。

图 7-4 7-3.asp 的 NS 流程图

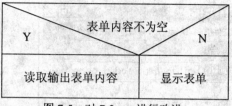
图 7-5 对 7-3.asp 进行改进

7.1.2 使用 Request.QueryString 获取 URL 变量

当网页通过超链接或其他方式从一张网页转到另一张网页的时候，往往需要在转跳的同时把一些数据传递到第二张网页中，我们可以把这些数据附加在超链接 URL 的后面，在第二张网页中使用 Request.Querystring 方法来获取 URL 后的变量的值。例如：

<a href="7-5.asp?Id=张三&page=2">张三的信息</a>

此超链接中含有两个 URL 变量，Id 和 page，变量参数之间用&连接。请看下面的例子。

--清单 7-4 7-4.asp --

```
<HTML>
<HEAD>
    <TITLE>传送 URL 变量 </TITLE>
</HEAD>
<BODY>
    <a href="7-5.asp?Id=张三&page=2">张三的信息</a>
</BODY>
</HTML>
```

--清单 7-5 7-5.asp --

```
<HTML>
<HEAD>
    <TITLE> 获取 URL 变量 </TITLE>
</HEAD>
<BODY>
<%
    Dim id,page
    id=request.querystring("id")
    page=request.querystring("page")
    response.write "id="&id&"<br>page="&page
%>
</BODY>
</HTML>
```

高等院校计算机系列教材

执行结果如图 7-6 所示。

图 7-6　7-4.asp 和 7-5.asp 的执行结果

在程序 7-4.asp 中，直接将"张三"和"2"的信息传送到 7-5.asp，而实际上要经常传送变量，比如，7-4.asp 可以改写成 7-4-2.asp。

---清单 7-4-2　7-4-2.asp---

```
<HTML>
<HEAD>
    <TITLE>传送 URL 变量 </TITLE>
</HEAD>
<BODY>
  <%
    name="张三"
    page=2
  %>
  <a href="7-5.asp?Id=<%=name%>&page=<%=page%>">张三的信息</a>
</BODY>
</HTML>
```

这样和 7-4.asp 具有相同的作用，其中<%=name%>是<%Response.write name%>的一种简写方法，作用完全相同。

7.1.3　使用 Request.ServerVariables 获取环境变量信息

我们有时需要获取服务器端或客户端的某些特定信息，比如获取客户端的 IP 地址、客户端浏览器所发出的所有 HTTP 标题文件等，我们可以使用 Request 对象的 ServerVariables 方法方便地取得这些信息。使用此方法的语法如下：

Request.ServerVariables("环境变量名")

常用的环境变量名如表 7-3 所示。

表 7-3	常用的环境变量
环境变量名称	功 能 说 明
ALL_HTTP	客户端浏览器所发出的所有 HTTP 标题文件
LOCAL_ADDR	服务器端的 IP 地址
LOGON_USER	若用户以 Windows NT 登录时，所记录的客户端信息
QUERY_STRING	HTTP 请求中？后的内容
REMOTE_ADDER	客户端 IP 地址
REMOTE_HOST	客户端主机名
SCRIPT_NAME	当前 ASP 文件的虚拟路径
SERVER_NAME	服务器端的 IP 地址或名称
SERVER_PORT	用 HTTP 作数据请求时，所用到的服务器端的端口号
URL	URL 相对网址

下面，我们使用 Request. ServerVariables 方法来获取客户机的 IP 地址和当前 ASP 文件的虚拟路径。

--清单 7-6 7-6.asp---

```
<HTML>
<HEAD>
    <TITLE> 使用 ServerVariables 方法 </TITLE>
</HEAD>
<BODY>
<%
    Dim ip,path
    ip=Request.ServerVariables("REMOTE_ADDR")
    path=Request.ServerVariables("SCRIPT_NAME")
    response.write"您的 IP 是:"&ip
    response.write"<br>当前 ASP 文件的虚拟路径是:"&path
%>
</BODY>
</HTML>
```

运行结果如图 7-7 所示。

图 7-7 7-6.asp 的运行结果

7.2 使用 Response 对象

Response 对象用于向客户端浏览器发送数据。用户可以使用该对象将服务器端的数据用 HTML 超文本格式发送到客户端的浏览器。与 Request 对象相反，Response 对象是用来控制发送给用户的信息，包括直接发送信息给浏览器、重定向浏览器到另一个 URL 或设置 Cookies 的值。本小节只讨论 Response 对象的方法，不讨论它的属性。Response 对象的方法如表 7-4 所示。

表 7-4　　　　　　　　　　　Response 对象的常用方法

方　　法	功　能　说　明
Write	将数据用 HTML 超文本格式发送到客户端浏览器
Redirect	重定向浏览器到另一个 URL
End	立即终止处理 ASP 程序

7.2.1 使用 Response.write 输出信息

在本章前面的例子中，已经多次使用过 Response.write 方法输出信息，它是 Response 对象最普遍、最常用的方法。它可以向客户端直接发送信息，也可以发送 HTML 超文本，客户端运行的脚本程序如 JavaScript 脚本，或其他浏览器能执行的代码。例如，使用 Response.write 方法输出 HTML 和客户端 JavaScript 时，浏览器能正确执行这些代码。

--清单 7-7　　7-7.asp--

```
<HTML>
<HEAD>
    <TITLE> Response.write 方法 </TITLE>
</HEAD>
<BODY>
<%
    response.write"<font color=red> 输出 JavaScript:</font><br>"
    response.write"<script language='javascript'>document.write('Hello,the World!'); </script>"
%>
</BODY>
</HTML>
```

运行结果如图 7-8 所示。

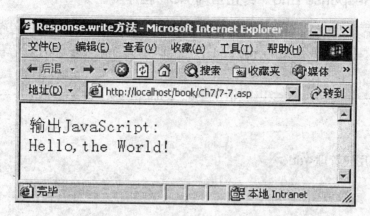

图 7-8 7-7.asp 的运行结果

图 7-9 查看网页源文件

查看图 7-8 网页的源文件，结果如图 7-9 所示，可以看出服务器已经把 Response.write 后面的字符串原封不动地输出到客户端上面，浏览器再把它按照静态网页来进行显示。因此，Response.write 语句既可以输出字符串，也可以输出 HTML 代码，还可以输出 JavaScript 等客户端脚本。在多数情况下，要把输出客户端脚本中的双引号变成单引号输出，使用"&"连接符连接字符串和变量，请参照前面例子中的 Response.write 语句来学习此方法的使用技巧。

7.2.2 使用 Response.Redirect 重定向页面

我们以前学习过使用超链接，当用户点击某些存在超链接的文字时就可以转到另一个网页或打开新的网页，而有时候不需要用户点击就自动地转到另一个网页，例如用户注册成功后就可以自动跳转到登录页面等。

在 ASP 中，使用 Response.Redirect 方法重定向页面，把要转向的页面的地址放在 Response. Redirect 的后面，也就是 Response.Redirect TheUrl 的使用方法。例如：<% Response.Redirect "http://www.sohu.com" %>使浏览器转到搜狐的主页。

提示：以前所学习的 HTML 中，META 标记符也有重定向的功能，例如要实现上面的定向，可以使用<META http-equiv="Refresh" content="5; URL= http://www.sohu.com">，通常把这段代码放在 HEAD 部分，URL 后面的两个参数，第一个参数表示当前文档加载 5 秒后转到第二个参数所指定的页面。

7.2.3 使用 Response.End 终止当前 ASP 程序

在很多情况下，例如非管理员打开管理页面时，需要立即终止当前的程序以免网站受到非法的管理，这里可以使用 Response.End 方法立即终止当前 ASP 程序。请看一个简单的管理页面示例。

--清单 7-8 7-8.asp--

```
<html>
<head>
    <title>用户管理</title>
</head>
<body>
<%
    if session("Power")<10 then   'session("Power")记录当前用户的权限
       response.write"您没有权利进入管理页面"
        response.End
    end if
    response.write"欢迎进入管理页面!"
%>
</body>
</html>
```

7.3 使用 Cookies 在客户端保存信息

Cookies 是一种能够让网站服务器把少量数据储存到客户端或是从客户端读取已存数据的一种技术。比如，当你浏览某网站时，由 Web 服务器置于你硬盘上的一个非常小的文本文件，它可以记录你的用户 ID、浏览过的网页、停留的时间等信息。当你再次来到该网站时，网站通过读取 Cookies，得知你的相关信息，就可以做出相应的动作，如在页面显示欢迎你的标语，或者让你不用输入 ID、密码就直接登录等。一旦将 Cookie 保存在计算机上，则只有创建 Cookie 的网站才能读取。

我们要学习的是三个方面的内容：如何把相关的信息存入到 Cookies 中？如何设置 Cookies 的有效期？如何读取存储在 Cookies 中的信息？

7.3.1 存入信息到 Cookies 中

我们可以使用 Response.Cookies 方法来把信息存入到 Cookies 中，最一般的方法是 Response.Cookies ("CookiesName")=值，例如：

```
<%
    Response.Cookies("UserName")="张三"
    Response.Cookies("FengGe")="青青河草"
```

```
%>
```

7.3.2　设置特定 Cookies 的有效期

把某些数据以 Cookies 的形式放在客户端，这些数据在多长时间内有效呢？此时，我们可以不规定它的有效期，当浏览关闭时该 Cookies 就失效了，也可以使用的是 Cookies 的 Expires 属性设置特定 Cookies 的有效期。例如：

```
<%
    Response.Cookies("UserName").Expires=#2008-1-1#  此日期前有效
    Response.Cookies("FengGe").Expires=Date( )+7 ' 一个星期内有效
%>
```

有时要使特定的 Cookies 立即失效，可以把 Expires 属性设为过去的某一时间就可以了，例如：

```
<% Response.Cookies("FengGe")=#1985-02-02# %>
```

7.3.3　获取特定 Cookies 的值

使用 Cookies 把数据存储在客户端，当然在需要使用时能方便地获取这些数据才具有意义。使用 Request 对象的 Cookies 方法获取 Cookies，获取的方法是 Request.Cookies ("CookiesName")。

例如，要获取上节中存入的 Cookies：

```
<% dim a
    a= Request.Cookies("UserName")
    Response.write a
%>
```

提示：有些客户机为了安全禁止使用 Cookies，此时网站服务不能在此客户机上写入和读取 Cookies，也就是不能在此客户端使用 Cookies。

下面我们学习一个写入、读取 Cookies 的综合示例，当用户第一次访问时就要求输入用户名、电子邮件、设置 Cookies 有效期，在 Cookies 有效期内再次访问网站时就会显示欢迎信息。

```
--------------------------------------------------清单 7-9　7-9.asp--------------------------------------------------
<html>
<head>
    <title>Cookies 综合示例</title>
</head>
<body>
  <%   if request.Cookies("UserName")<>"" then
          Response.write"欢迎您:"&request.Cookies("UserName")
      else
```

```
%>
<table width="98%" height="30" border="0" cellpadding="0" cellspacing="1" bgcolor="#666666">
  <tr bgcolor="#CCCCCC">
   <td>
     <form name="form1" method="post" action="">
        请输入:  用户名:
           <input name="UserName" type="text" id="UserName" size="12">
        电子邮件:
           <input name="Email" type="text" id="Email" size="12">
        保存时间:
           <select name="Save" id="Save">
              <option value="1">保存 1 天</option>
              <option value="7">保存 1 周</option>
              <option value="30">保存 1 月</option>
           </select>
           <input type="submit" name="Submit" value="确定">
     </form>
   </td>
  </tr>
</table>
<%
   if request.Form("UserName")<>"" and request.Form("Email")<>"" then
     response.Cookies("UserName")=Request.Form("UserName")
     response.Cookies("Email")=Request.Form("Email")
     response.Cookies("UserName").Expires=date( )+Cint(request.form("Save"))'设置有效期
     response.Cookies("Email").Expires=date( )+Cint(request.form("Save"))
     response.Redirect("7-10.asp") '相当于刷新本页
     response.end
   end if
 end if
%>
</body>
</html>
```

运行结果如图 7-10 所示。

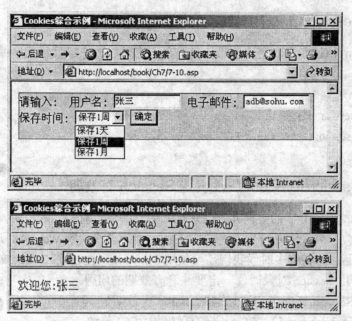

图 7-10   7-10.asp 的运行结果

7.4   使用 Session 对象

当从一张网页跳转到另一张网页时，前一张网页中以变量、常量等形式存放的数据会丢失，也就是说 Web 服务器将每一个页面的请求都作为独立的请求，服务器不保留以前请求的任何信息。ASP 中使用 Session 对象来记录特定客户的信息，这些信息在用户从一张网页转跳到另一张网页时不会丢失，Session 对象所记录的信息被当前客户机的所有网页共享。

我们要学习 Session 对象的基本用法：利用 Session 对象存储信息、设置存储信息的有效期、读取使用 Session 对象存储的信息、在需要的时候清除存储的信息。

7.4.1   利用 Session 存储信息

利用 Session 存储信息和前面学习的利用变量存储信息很相似，其语法为：

    Session("Session 名称")=变量或字符串信息

例如：

```
<%Session("userName")="张三"              '将字符串存入 Session
    Session("age")=25                       '将数字信息存入 Session
    Dim a
    a=do@hotmail.com
Session("email")=a                        '将变量的值存入 Session
    %>
```

注意：Session 对象还可以存储数组信息，请读者查阅相关的参考书籍。

7.4.2　读取 Session 信息

读取 Session 信息和读取变量信息一样简单，它可以放在赋值语句中或其他的地方，例如：

```
<% dim b
    b=session("userName")
  response.write session("userName")
%>
```

7.4.3　利用 Session.Timeout 属性设置 Session 有效期

利用 Session 对象存储的数据并不是永远有效，如果没有特别的说明，默认存储时间为20 分钟。如果客户端超过 20 分钟没有向服务器提出请求或刷新 Web 页面，该 Session 对象就会自动结束。因此，在很多时候我们需要使用 Timeout 属性设置 Session 的有效期，使其更长或更短。在使用 Session 对象时，一定要注意有效期的问题。

例如，使用 Session.TimeOut 属性设置 Session 有效期为 60 分钟：

```
<% Session.Timeout=60 '将 Session 有效期设为 60 分钟 %>
```

7.4.4　利用 Session.Abandon 方法清除 Session 信息

对象过期之前可以使用 Abandon 方法强行清除当前客户的 Session 对象中存储的所有信息。语法为：

```
Session.Abandon
```

例如：

```
<%
  Session("userName")="张三"            '将字符串存入 Session
  Session("age")=25                     '将数字信息存入 Session
  Session.Abandon                       '清除 Session
  Response.write Session("userName")    'Session 已经清除，所以不会输出任何信息
%>
```

使用 Session 对象实现 7-10.asp 类似的功能，增加了一个注销功能，由 7-10-1.asp 实现，把 7-10.asp 和 7-10-1.asp 放置在同一个文件夹下面。

------清单 7-10　7-10.asp------

```
<html>
<head>
    <title>Session 综合示例</title>
</head>
<body>
  <% if Session("UserName")<>"" then
      Response.write"欢迎您:"&Session("UserName")
      response.write "<a href=7-11-1.asp>注销</a>"
    else
```

```
%>
<table width="98%" height="30" border="0" cellpadding="0" cellspacing="1" bgcolor=
"#666666">
  <tr bgcolor="#CCCCCC">
    <td>
      <form name="form1" method="post" action="">
        请输入:  用户名:
          <input name="UserName" type="text" id="UserName" size="12">
        电子邮件:
          <input name="Email" type="text" id="Email" size="12">
          <input type="submit" name="Submit" value="确定">
      </form>
    </td>
  </tr>
</table>
<%
   if request.Form("UserName")<>"" and request.Form("Email")<>"" then
      Session("UserName")=Request.Form("UserName")
      Session("Email")=Request.Form("Email")
      response.Redirect("7-11.asp") '相当于刷新本页
      response.end
      end if
   end if
%>
</body>
</html>
```

-------------------------------------清单 7-10-1   7-10-1.asp-----------------------------
```
<%
session.Abandon   '清除 Session,实现注销功能
response.Redirect "7-10.asp" '转到 7-10.asp 页面
%>
```

7.5   使用 Application 对象

　　Application 对象可以用来记录某些信息,这些信息可以被当前站点的所有客户端的所有
网页使用和修改。可以说,Application 对象的作用域比 Session 对象要广,它们的使用方法
非常相似,可以把变量、字符串等信息保存在 Application 对象中。

　　Application 对象是所有的客户机所共用的对象,当两个用户同时修改一个 Application 对

象的值时就可能发生想不到的错误。Application 对象有两个特殊的方法来避免这种错误：Lock 和 Unlock（锁定和解除锁定）。如果某一个客户端要修改 Application 对象的值时，一般先锁定 Application 对象，再修改，最后解除锁定。请看下面的例子：

```
<%
Application.Lock
    Application("hits")=Application("hits")+1
Application.Unlock
%>
```

我们来看一个简单的例子，使用 Application 设计一个简单的留言板。

---清单 7-11   7-11.asp--

```
<html>
<head>
    <title>Application 留言板</title>
</head>
<body>
  <form name="form1" method="post" action="">
   笔名：
   <input name="userName" type="text" id="userName" size="12">
   留言内容：
   <input name="LiuYan" type="text" id="LiuYan" value="" size="25">
   <input type="submit" name="Submit" value="提交">
  </form>
  <%
    dim str      'str 中存储留言时间、笔名、内容等信息
    if request.Form("userName")<>"" and request.Form("LiuYan")<>"" then
     str=Time( )&request.Form("userName")&"说:  "
     str=str&request.Form("LiuYan")&"<br>"
     Application.Lock
     Application("bbs")=str&Application("bbs")
     Application.Unlock
     str=Null
    end if
    response.write Application("bbs")
  %>
</body>
</html>
```

运行结果如图 7-11 所示。

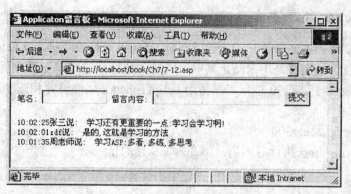

图 7-11　留言板

在 7-12.asp 中，用 Application("bbs")来保存所有用户的留言信息，并且显示出来。在程序中有一个条件语句：if…then，这里条件为表单中的两个文本字段都不为空时，就执行下面的语句：把用户的留言的时间、笔名和留言内容加入到 Str 变量中；把 str 加入到 Application("bbs")中去。其中加了一个
是为了将每一次留言内容都换行显示。

Application 对象从建立起就会存在，一直到服务器重新启动或取消当前站点 Web 服务才消失，但它还是不能长久地保存某些信息。一般说来，为了长久地保存某些信息，我们必须把这些信息保存在数据库或文件里面，在下面的章节中我们会逐渐地学习到。

7.6　使用 Server 对象

Server 对象是专为处理服务器上的特定任务而设计的，特别是与服务器的环境和处理活动有关的任务。它提供了一些非常有用的属性和方法，主要用来创建 COM 对象和 Script 对象组件、转化数据格式、管理其他网页的执行。请看 Server 的属性和方法，如表 7-5 和表 7-6 所示。

表 7-5　　　　　　　　　　　　　　Server 对象的属性

属　性	功　能　说　明
ScriptTimeout	规定脚本文件最长执行时间，超过时间就停止执行脚本，默认时间为 90 秒

表 7-6　　　　　　　　　　　　　　Server 对象的主要方法

方　法	功　能　说　明
CreateObject	Server 对象中最重要的方法，用于创建已注册到服务器的 ActiveX 组件、应用程序或脚本对象
HTMLEncode	将字符串转换成 HTML 格式输出
MapPath	将路径转化为绝对路径
Execute	停止执行当前的网页，转到新的网页执行，执行完毕后返回原网页继续执行 Execute 方法后面的语句
Transfer	停止执行当前网页，转到新的网页执行。和 Execute 不同的是，执行完毕后不返回原网页，而是停止执行过程

7.6.1 ScriptTimeout 属性

该属性用来规定脚本文件执行的最长时间。如果超过最长时间脚本文件还没有执行完毕，就会自动停止执行。这主要是用来防止某些可能进入死循环的错误而导致页面过载的问题。

系统默认的最长时间是 90 秒。可以使用 ScriptTimeout 属性设置和读取这个时间：

```
<%
Server.ScriptTimeout=300
Response.write "最长执行时间为："&Server.ScriptTimeout
%>
```

7.6.2 HTMLEncode 方法

此方法可用来转化字符串，它可以将字符串中的 HTML 标记字符转换为字符实体，如把<转化为<，将>转化为>等。它的作用和第 6 章中 6-5.asp 中的函数 myReplace（myString）非常相似。

使用此方法和没有使用此方法有时有很明显的区别，例如：

------------------------------清单 7-12　7-12.asp------------------------------

```
<html>
<head>
    <title>HTMLEncode</title>
</head>
<body>
<%
    Response.write "<font color=red>abc</font>"
    Response.write "<br>"
    Response.write Server.HTMLEncode("<font color=red>abc</font>")
%>
</body>
</html>
```

执行结果如图 7-12 所示。

图 7-12　使用和不使用 HTMLEncode 之间的差别

可以再查看图 7-12 网页的源代码，如图 7-13 所示，仔细分析使用和不使用 HTMLEncode 之间的差别，请读者自行分析。

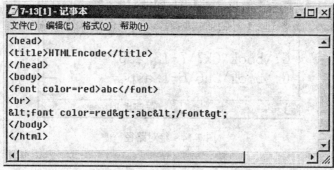

图 7-13　查看源文件

7.6.3　MapPath 方法

在网站中指定路径时，可以使用绝对路径也可以使用相对路径。但相对路径使用得更多，如<img src="pic/logo.gif">中，就是使用的相对路径，当站点进行移植时相对路径使用起来很方便。但在有些操作中必须使用绝对路径，如数据库文件的操作或其他文件的操作时就必须使用绝对路径。

利用 Server.MapPath 方法可以将某些相对路径转化为绝对路径。语法为：Server. MapPath(相对路径)。

例如显示绝对路径：

--清单 7-13　7-13.asp--

```
<html>
<head>
    <title>MapPath 方法</title>
</head>
<body>
<%
    Response.write Server.MapPath("7-13.asp")
    Response.write "<br>"
    Response.write Server.MapPath("../Ch6/6-1.asp")
%>
</body>
</html>
```

运行结果如图 7-14 所示。

高等院校计算机系列教材

图 7-14　绝对路径

从运行结果中可以看出，该例子是将两个文件的相对路径转化成绝对路径。如果在某个地方要使用绝对路径，可以直接给出绝对路径，也可以使用该方法进行转化。绝对路径在数据库操作、文件上传等操作中经常使用。

【练习七】

1. 编写一张 ASP 网页显示来访者的 IP 地址，如果 IP 地址以 211.69 开头就显示欢迎信息，否则显示为非法用户并终止程序。

2. 改进 7-12.asp 的聊天室网页，加入登录和注销、在线用户列表等功能，留言以表格或层的形式更美观地显示出来。

【实验七】　使用 ASP 对象编辑一个投票系统

实验内容：

1. 完善第 2 章实验"简单的投票系统"，使网页能正确显示票数和统计图。

2. 使用 Application 对象记录投票信息。

3. 参考程序见光盘本章目录。

第 8 章 ASP 存取数据库

【本章要点】

1. Access 数据库的基本操作
2. SQL 语言的使用
3. 连接数据库
4. ADO 的内部对象
5. 利用 SQL 语言存取数据库

在网站中通常把一些需要长期保存的数据放在数据库中，通过对数据库的操作达到动态化网页的目的，数据库是 ASP 中非常重要的内容之一。

在 ASP 中一般使用 SQL Server 或 Access 数据库。SQL Server 运行稳定、效率高、速度快，但配置和移植比较复杂，适合大型网站使用；Access 配置简单、移植方便，但效率相对低一些，适合小型网站使用，它对于个人网站来说绰绰有余，对于同时有 1000 人在线的网站也是可以正常使用的，当网站的访问量进一步增加时，再把 Access 数据库转化为 SQL Server 数据库是可行的。

8.1 数据库的基本知识

8.1.1 数据库的基本术语

所谓数据库就是按照一定数据模型组织、存储在一起的，能为多个用户共享的，与应用程序相对独立、相互关联的数据集合。

简单地说，数据库就是把各种各样的数据按照一定的规则组合在一起形成的"数据"的"集合"。其实，数据库也可以看成是我们日常使用的一些表格组成的"集合"，图 8-1 是一张用户基本情况表。

图 8-1 用户基本情况表

下面是数据库的一些基本术语。

（1）字段

表中给的一列叫做一个字段，"Email"就是选中字段的名称。

（2）记录

表中横的一行叫做一个记录，图中选中了第2条记录，也就是"周老师"的相关信息。

（3）值

纵横交叉的地方叫做值。比如图中选择了"周老师"的Email为"ddd@sohu.com"。

（4）表

由横行竖列垂直相交而成。可以分为表的框架（也称表头）和表中数据两部分，图 8-1 就是一张表。

（5）数据库

用来组织管理表的，一个数据库一般可以管理若干张表。数据库不仅提供了存储数据的表，而且还包括规则、触发器和表的关联等高级操作。

数据库中数据的组织一般都有一定的形式，称为数据模型。数据模型一般分为层次型、网络型、关系型，图 8-1 给出的例子就是关系型。利用关系型数据模型建立的数据库就是关系型数据库。目前使用的数据库大多都是关系型数据库。

8.1.2　建立 Access 数据库

Access 是微软公司 Office 系列办公软件的重要组成部分，安装 Office 时默认会自动安装 Access。

下面以 Access2000 为例讲解主要的操作，更复杂的操作请参考专门的 Access 书籍。

1. 新建数据库

启动 Access 2000 后，首先出现如图 8-2 所示的对话框。

图 8-2　启动 Access2000 时的对话框

选择[空 Access 数据库]，然后单击[确定]按钮，会弹出如图 8-3 所示的[文件新建数据库]对话框。

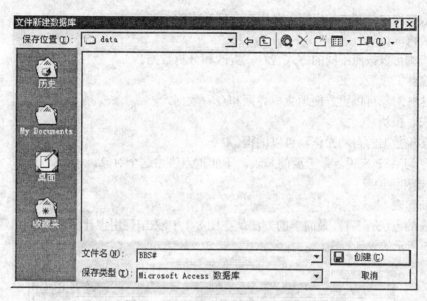

图 8-3 [文件新建数据库]的对话框

选择合适的位置，起名为 BBS#，然后点击[创建]按钮将会以 BBS#.mdb 进行保存，并弹出如图 8-4 所示的 Access 主窗口。

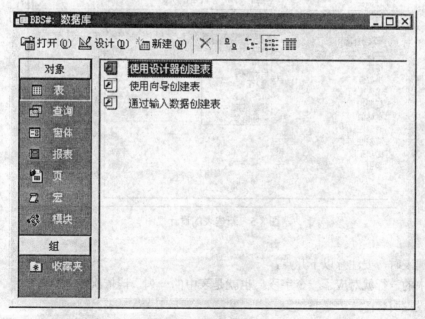

图 8-4 Access 的主窗口

从图 8-4 中可以看出，在 Access 中除了"表"以外，还有"查询"、"窗体"、"报表"等对象。在左侧单击相应的对象按钮，就可以在右侧添加相应的对象，如添加"表"等。下面简介各对象的作用。

（1）表

这是数据库中最基本的内容，是用来存储数据的。

（2）查询

利用查询可以按照不同的方式查看、更改和分析数据。

（3）窗体、报表、页

通过这些对象可以更方便地生成界面和查看数据。

（4）宏、模块

用来实现数据的自动操作，可以编程。

对于学习 ASP 来说，最重要的是表，下面重点讲述这个对象。

2．新建和维护表

（1）新建表

新建表的方法有多种,最简单的方法是在图 8-4 中双击[使用设计器创建表]选项就可以打开如图 8-5 所示的设计视图。

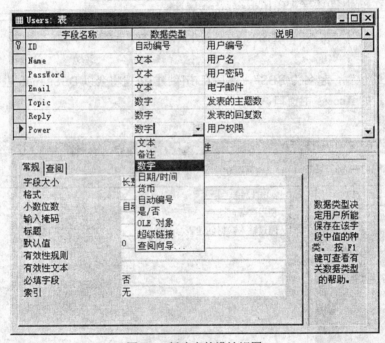

图 8-5　新建表的设计视图

在新建表时，要注意以下几点：

①图中的一行就对应了一个字段，也就是表中的一列，请依次输入字段名字、字段数据类型和字段说明。

②字段名称可以是中文，也可以是字母、数字和下画线，命名规则和变量类似。建议不用中文。

③关于数据类型，可以按 F1 键查询 Access 有关帮助。

④自动编号是一个特殊的类型，当向表中添加一条新记录时，由 Microsoft Access 指定的一个唯一的顺序号（每次加 1）或随机数。自动编号字段内容不能修改。

（2）保存表

正确输入所有字段以后，单击 Access 主窗口中的[保存]按钮，就会弹出如图 8-6 所示的[另存为]对话框，输入表名 Users 然后单击[确定]按钮即可。

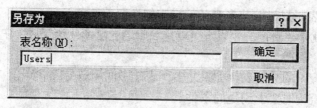

图 8-6 保存表

（3）在表中输入数据

成功新建一个表后，就会在如图 8-4 所示的主窗口中出现该表的名称，双击它就可以打开如图 8-7 所示的数据表视图，在其中可以和普通表格一样输入数据，如图 8-7 所示。

ID	Name	PassWord	Email	Topic	Reply	Power
1	Admin	1@/b	webMaster@zdfbbs.com	100	2000	255
2	周老师	12	ddd@sohu.com	501	6590	0
3	张三丰	123	zsf@hotmail.com	5	10	0
4	李四水	modi	bbc@yahoo.com	0	0	0
5	王五华	12345	SSS@163.com	0	0	0
（自动编号）				0	0	0

图 8-7 在表中输入数据

（4）修改数据表设计

如果在数据表的结构，如图 8-7 所示的数据表视图中，选择菜单[视图]，再选择[设计视图]命令，可以回到如图 8-5 所示的设计视图修改表结构。

8.1.3 SQL 语言简介

SQL(Structure Query Language)语言，即结构化查询语言，是操作数据库的标准语言。在 ASP 中，无论何时要访问一个数据库，都要使用 SQL 语言。因此，学好 SQL 语言对 ASP 编程是非常重要的。但是，SQL 语言是一门比较复杂的语言，要想很好地掌握它，需要参考专门的书籍。在本节中，只讲述在 ASP 中最常用到的 SQL 语句：

（1）Select 语句——查询数据

（2）Insert 语句——添加记录

（3）Delete 语句——删除记录

（4）Update 语句——更新记录

1. Select 语句

SQL 语言的主要功能之一是实现数据库查询，此时可以使用 Select 语句来取得满足特定条件的记录集，也就是说可以从数据库中查询有关记录。

语法：

Select [Top(数值)]字段列表 From 表[Where 条件] [Order By 字段] [Group By 字段]

说明：

①Top(数值)：表示只选取前多少条记录。如选取前 5 条记录，使用 Top(5)。

②字段列表：就是要查询的字段，可以是表中的一个或几个字段，中间用逗号隔开，用*表示所有的字段。

③表：就是要查询的数据表，如果是多个表，中间用逗号隔开。

④条件：就是查询时要求满足的条件。

⑤Order By：把查询结果按字段排序，ASC 表示升序排列，DESC 表示降序排列，默认为升序排列。

⑥Group By：表示字段求和。

⑦"[ ]"内为可选内容。

下面列举一些常用的 Select 例子。

（1）选取全部数据

Select * Form Users

（2）选取指定字段的数据

Select ID,Name From Users

（3）只选取前 2 条记录

Select Top 2 * Form Users

（4）根据条件选取数据

Select * From Users Where Id=3

（5）按关键字查找记录

有时候查找条件可以不太精确，比如要查询所有姓名中有"张"字的用户：

Select * From Users Where Name like "%张%"

查找所有第一个字为"张"的用户：

Select * From Users Where Name like "张%"

（6）查询结果排序

在查询表得到的记录集中含有较多条记录时，总是希望把结果能够按照我们要求的顺序进行排列，利用 Order By 就可以实现了。例如，将查询结果按姓名升序排列：

Select * Form Users Order By Name ASC

如果有多个字段排序，中间用逗号隔开，排序时，首先参考第一个字段的值，当第一个字段的值相同时，再参考第二个字段的值，以此类推。如：

Select * Form Users Order By Name ASC,Power Desc

2. Insert 语句

在 ASP 中，经常需要向数据库中插入记录，例如向用户表 Users 中增加新成员时，就需要将新用户的数据作为一条新记录插入到表 Users 中。此时，可以使用 SQL 语言的 Insert 语句来实现这个功能。

语法：

    Insert Into 表名(字段 1,字段 2,…) Values(字段 1 的值,字段 2 的值,…)

说明：

①在插入的时候要注意字段的类型，若为文本或备注型，则该字段的值两边要加引号；若为日期型应在值两边加#号，若为布尔型值应为 True 或 False；自动编号不需要插入值。

②Values 括号中字段值的顺序必须与前面括号中的字段依次对应，各字段之间、字段值之间用逗号分开。

③可以在设计数据库表结构时使用默认值，插入时可以不填写也可以自动插入默认值。

下面列举一些常见的例子。

（1）只插入 Name 字段

Insert Into Users (Name) Values ("bbaa")

（2）插入 Name 和 PassWord 字段

Insert Into Users(Name,Password) Values("vab","32104b")

3. Delete 语句

在 SQL 语言中，可以使用 Delete 语句来删除表中的某些记录。

语法：

    Delete From 表 [Where 条件]

说明：

①"Where 条件"与 Select 中的用法是一样的，凡是符合条件的记录都会被删除，如果没有符合条件的记录则不删除；

②如果省略"Where 条件"，将删除表中的所有记录。

下面列举一些常见的例子。

（1）删除 Name 为"bbaa"的记录

Delete From Users Where Name="bbaa"

（2）删除表中的所有数据

Delete From Users

4. Update 语句

在 SQL 语言中，可以使用 Update 语句来修改更新表中的某些记录。

语法：

Update 数据表名 Set 字段 1=值 1,字段 2=值 2,…[Where 条件]

说明：

①Where 指定修改记录的条件，其用法与 Select 语句中的"Where 条件"的用法相同。

②如果省略"Where 条件"，则更新表中的全部记录。

下面列举一些常见的例子。

（1）修改 Name 为"张三丰"用户的 Power 为 10

Update Users Set Power=10 Where Name= "张三丰"

（2）将所有 Power 为 0 的用户 Power 值改为减少 5

Update Users Set Power=Power-5 Where Power=0

8.2 ADO 概述

ASP 应用程序不能直接访问数据库，必须通过 ADO(ActiveX Data Object)，ASP 才可以访问 Oracle、Sybase、SQL Server、Access 等各种支持 ODBC 或者 OLE DB 的数据库。ASP、ADO、OLE DB 及各种数据库之间的关系如图 8-8 所示。

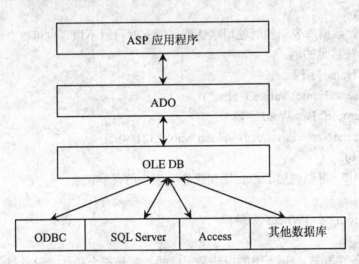

图 8-8　ASP 应用程序和底层数据库的关系

很显然，必须了解 ADO 才能够顺利地使用 ASP 存取数据库。ADO 包括了很多对象和子对象，有大量的属性和方法，如果系统地掌握了这些属性和方法，就能够完成更多、更高级的功能。ADO 有三个主要对象：Connection、Command 和 Recordset，如表 8-1 所示。

表 8-1　ADO 主要对象及其功能

对　象	功　能　说　明
Connection	建立与数据库的连接，对任何数据库的操作都要有此对象
Command	对数据库执行的命令，如查询、添加、修改和删除等命令
Recordset	用来得到从数据库返回的记录集

这三个对象又存在子对象，分别是 Error 对象、Parameter 对象和 Field 对象。这三个对象在 ASP 应用程序（一般指页面）与 OLE DB 之间，它们的位置关系如图 8-9 所示。

从上图可以看出，要在 ASP 页面中使用数据库中的数据，必须依次建立 ADO 的三个子对象。下面我们就从第一个对象 Connection 开始学习如何建立这三个子对象，又是如何使用这三个子对象的。

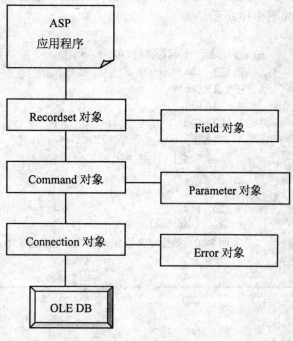

图 8-9   ADO 对象中的三个子对象

8.3   Connection 对象

使用 Connection 之前先要建立该对象，在 ADO 中建立对象一般要使用 Server.CreateObject 方法。语法为：

Set Connection 对象名= Server.CreateObject("ADODB.Connection")

建立对象后才可以利用 Connection 对象的 Open 方法打开数据库并与之建立连接，语法如下：

Connection 对象名.Open "参数 1=值 1; 参数 2=值 2;……"

有关参数及含义如表 8-2 所示。

表 8-2   Connection 对象 Open 方法的参数

参　　数	功　能　说　明
Dsn	ODBC 数据源名称
User	数据库登录账号
Password	数据库登录密码
Dirver	数据库的类型（驱动程序）
Dbq	数据库的绝对路径
Provider	数据提供者

好了，我们来看一个建立 Connection 对象的常用的方法。数据库文件 BBS#.mdb 和*.ASP 文件的位置关系如图 8-10 所示。

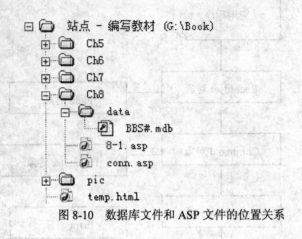

图 8-10　数据库文件和 ASP 文件的位置关系

--清单 conn.asp--

```
<%
Dim conn
set conn=Server.CreateObject("ADODB.Connection")
conn.open " Driver={Microsoft Access Driver (*.mdb)};
Dbq=G:\Book\Ch8\data\BBS#.mdb"    '注意:conn.open 句中没有换行,到此才结束
%>
```

注意：

连接数据源的方法有多种，这里只是其中的一种，即基于 OLE DB 的连接。

这里把此文件命名为 conn.asp 而不是 8-1.asp，是因为几乎本章的所有文件都要使用这个连接文件，这里用 conn.asp 命名以和其他文件区分开来，当然也可以以其他的名字命名。

为了网站数据库的安全，防止别人下载数据库文件，这里把数据库文件名中加一个特殊字符"#"，有一定的防下载作用。还可以把数据库文件命名为"*.asp"，会更安全一些。

这里，我们使用了数据库文件的绝对路径"G:\Book\Ch8\data\BBS#.mdb"，假如把站点移植到别的服务器中，此数据库文件的绝对路径会发生变化，需要修改些路径才能正确地连接数据库，显然这是很不方便的。

我们可以使用 Server.MapPath 方法把相对路径转化为绝对路径，不管站点如何移植都可以自动地取得数据库文件的绝对路径。因此，经常采用 Server.MapPath 对路径进行转化，把 conn.asp 修改为：

--清单　修改后的 conn.asp--

```
<%
Dim conn
set conn=Server.CreateObject("ADODB.Connection")
conn.open "Driver={Microsoft Access Driver (*.mdb)};
```

Dbq="&Server.MapPath("data\BBS#.mdb") '注意:conn.open 句中没有换行,到此才结束
%>

不同类别的数据库，具有不同的驱动程序，相应地具有不同的连接参数和格式。这里学习的是 Access 数据库的连接方法,若需要了解其他类型数据库的连接参数,可查阅相关书籍。

Connection 对象除了用于创建连接对象外，还提供一些属性用于指定其他参数和状态，提供了一些方法用于特定的操作。请看 Connection 对象的常用属性与方法列表，分别如表 8-3 和表 8-4 所示。

表 8-3　　　　　　　　　　Connection 对象的常用属性

属　性	功　能　说　明
CommandTiemeout	设置 Connection 对象的 Execute 方法的最长执行时间，默认值为 30 秒
ConnectionString	指定 Connection 对象的数据库连接信息
ConnectionTimeOut	Open 方法与数据库连接的最长时间，默认值为 30 秒
DefaultDatabase	在提供了多个数据库时，用该属性指定默认的数据库
Mode	设置连接数据库的读写权限
Vision	显示 ADO 的版本信息

表 8-4　　　　　　　　　　Connection 对象的常用方法

方　法	功　能　说　明
Open	建立与数据库的连接（在 conn.asp 中使用过此方法）
Close	关闭与数据库的连接，与 Open 方法的作用相反
Execute	执行数据库查询或操作命令

Connection 对象的属性可以读取，有些属性可以更改它的值，但作为初学者最好使用默认值而不进行更改，这里只是给出了其常用属性的列表。若要更改其属性，可以参照此表或查阅相关书籍。

在表 8-4 中列出的 Connection 对象的三个最常用的方法中，Open 方法已经使用过，而 Close 方法和 Execute 方法会在后面的例子中用到，这里不专门举例说明其用法。

8.4　Command 对象

Command 对象是介于 Connection 对象和 Recordset 对象之间的一个对象，它主要通过传递 SQL 指令，对数据库提出操作请求，把得到的结果返给 Recordset 对象。Command 对象建立在 Connection 对象之上，也就是说 Command 对象必须有一个已经建立的 Connection 对象才能发出 SQL 指令。

使用 Connection 和 Recordset 两个对象也可以对数据库进行读、写、改、查的操作，因此，在很多时候可以省去 Command 对象，所以关于 Command 对象就不作详细的介绍。但要记得，当在上百万条记录中进行查询时，用 Command 对象的参数与非参数查询方法可以大大地提高速度，要建立较大型网站时可以再查阅相关书籍。

8.5 Recordset 对象

8.5.1 建立 Recordset 对象与数据库表的操作

当使用 Connection 对象的 Execute 方法进行查询后，就会得到一个 Recordset 对象，该对象中包含所有满足条件的记录，然后就可以利用 ASP 语句将记录集显示在页面合适的地方。

在对数据库进行删除、添加或修改记录时不需要建立 Recordset 对象，直接使用 Connection 对象的 Execute 方法就可以了。

建立 Recordset 对象的标准语法是：

Set Recordset 对象=Server.CreateObject("ADODB.Recordset")

建立了 Recordset 对象之后再使用 Open 方法打开一个数据库，语法是：

Recordset 对象.Open [Source],[ActiveConnection],[CursorType],[LockType],[Options]

各参数说明如表 8-5 至表 8-8 所示。

表 8-5　　　　　　　　　　　Recordset 对象 Open 方法的参数意义

参　　数	意　义　说　明
Source	Command 对象名或 SQL 语句或数据表名
ActiveConnection	Connection 对象名或包含数据库连接信息的字符串
CursorType	Recordset 对象记录集中的指针类型，取值见下表，可以省略
LockType	Recordset 对象的使用类型取值见下表，可以省略
Options	Source 类型，取值见下表，可以省略

表 8-6　　　　　　　　　　　CursorType 参数

CursorType 参数	取值	取　值　含　义
AdOpenForwardOnly	0	向前指针，只能利用 MoveNext 或 GetRows 向前检索数据，默认值
AdOpenKeyset	1	键盘指针，在记录集中可以向前或向后移动，当某客户做了修改之后（除了增加新数据），其他用户都可以立即显示
AdOpenDynamic	2	动态指针，记录集中可以向前或向后移动；所有修改都会立即在其他客户端显示
AdOpenStatic	3	静态指针，在记录集中可以向前或向后移动，所有更新的数据都不会显示在其他客户端

表 8-7　　　　　　　　　　　　　　　　LockType 参数

LockType 参数	取值	取 值 含 义
AdLockReadOnly	1	只读，不允许修改记录集，默认值
AdLockPessimistic	2	只能同时被一个客户修改，修改时锁定，修改完解除锁定
AdLockOptimistic	3	可以同时被多个客户修改
AdLockBatchOptimistic	4	数据可以修改，但不锁定其他用户

表 8-8　　　　　　　　　　　　　　　　Options 参数

Options 参数	取值	取值含义
AdCmdUnknown	−1	CommandText 参数类型无法确定，是系统的缺省值
AdCmdText	1	CommandText 参数是 SQL 命令类型
AdCmdTable	2	CommandText 参数是一个表名称
adCmdStoreProc	3	CommandText 参数是一个存储过程名称

总的说来，Source 是数据库查询信息；ActiveConnection 是数据库连接信息；CursorType 是指针类型；LockType 是锁定信息；Options 是数据库查询信息类型。

在大部分情况下可以省略后三个参数使用。若省略中间的某个参数，必须用逗号给出中间参数的位置，也就是说，每一个参数必须对应相应的位置，例如：

<% rs.Open "select * from Users",conn,2%>

下面我们来建立一个 Recordset 对象。

--清单 8-1 8-1.asp--

```
<%
 '建立 Connection 对象
 Dim conn
 set conn=Server.CreateObject("ADODB.Connection")
 conn.open "Driver={Microsoft Access Driver (*.mdb)};
 Dbq="&Server.MapPath("data\BBS#.mdb") '注意:conn.open 句中没有换行,到此才结束
 '建立 Recordest 对象
 dim rs
 set rs=Server.CreateObject("ADODB.Recordset")
 rs.Open "Select * from Users",conn
%>
```

用到数据库必须先建立 Connection 对象，可以把建立 Connection 对象的语句写在一个文件 conn.asp 里，其他的 ASP 页面要使用此 Connection 对象可以使用语句：<!--#include file="conn.asp" -->。以后要对数据库进行改动，只需改动 conn.asp 就可以了。按此方法可以把 8-1.asp 改写成：

---清单　改写后的 8-1.asp--

```
<!--#include file="conn.asp" -->
```

```
<%
    '建立 Recordset 对象
    dim rs
    set rs=Server.CreateObject("ADODB.Recordset")
    rs.Open "Select * from Users",conn
%>
```

注意：一般把建立 Connection 对象的 conn.asp 和应用 Connection 对象的文件放在同一个文件夹下面；若 ASP 文件放在多个文件夹中，可以在每一个文件夹中创建一个 conn.asp 文件。这样做在使用时就不会出现路径错误的问题。

（1）利用 Select 语句查询记录

建立了记录集以后，有一个记录指针指向第一条记录，我们可以移动指针并读取当个记录中的数据，方法为：记录集对象名（"字段名"）。

以下为在网页中显示数据库表中的记录。

--清单 8-2   8-2.asp--

```
<!--#include file="conn.asp" -->
<%
    '建立 Recordset 对象
    dim rs
    set rs=Server.CreateObject("ADODB.Recordset")
    rs.Open "Select * from Users",conn
%>
<html>
<head><title>显示数据库表记录</title></head>
<body>
    <table border="1">
        <caption>表 Users 的内容</caption>
        <tr height="30" bgcolor="#808080">
            <td>ID</td>
            <td>Name</td>
            <td>Email</td>
            <td>Topic</td>
            <td>Reply</td>
            <td>Power</td>
        </tr>
        <% do while not rs.eof '只要不是表的结尾就执行循环,循环体为行(<tr></tr>)%>
        <tr>
            <td><%=rs("Id")%></td>
            <td><%=rs("Name")%></td>
```

```
        <td><%=rs("Email")%></td>
        <td><%=rs("Topic")%></td>
        <td><%=rs("Reply")%></td>
        <td><%=rs("Power")%></td>
    </tr>
    <% rs.movenext '将记录指针向下移动一条记录
    loop
    conn.close            '关闭与数据库的连接
    set conn=nothing      '从内存中彻底清除 Connection 对象 conn，也可以省略
    rs.close              '关闭 Recordset 对象 rs
    set rs=nothing        '从内存中彻底清除 Recordset 对象 rs，也可以省略
    %>
    </table>
</body>
</html>
```

运行结果如图 8-11 所示。

图 8-11　8-2.asp 运行结果

这里使用了循环语句 do while …loop 来依次读取数据库表中的值，每读取一次后用 rs.moveNext 语句使指针指向下一条记录，若指针指向表底部则退出循环，循环体为表格的行，若数据库表中有 5 条记录则循环 5 次，产生一个和表头一起共 6 行的表格。

<%=rs("Id")%>等效于<% Response.write rs("Id")%>，当一个<%%>内只输出某一个变量或表达式时，可以把 Response.write 省写成 "="，此时它们有相同的作用。

（2）利用 Insert 语句添加记录

当有一个新用户注册时，就需要在数据库表 Users 中添加一条记录，使用 SQL 语句的 Insert 语句可以添加记录。

一般说来,添加记录不需要返回记录集,可以不使用 Recordset 对象,直接使用 Connection 对象的 Execute 方法来执行相关的 SQL 语句就可以了。例如,在 Users 表中加入一条新记录:

---清单 8-3　　8-3.asp---

```
<!--#include file="conn.asp" -->
<%
    conn.Execute"insert into Users(Name,Password,Email) Values('赵七儿
','321_@b','A_zhao@163.com')"
%>
```

在双引号里面还有双引号时,比如"赵七儿",把它放在 SQL 语句的双引号里面,并把双引号转化为单引号。也就是说,双引号里面的双引号要改写成单引号才生效。

有时候需要了解 Execute 方法在本次操作中影响的记录条数,可再使用 number 参数,语法为:

Connection 对象.Execute SQL 语句串,number

此时 number 参数返回此次操作所影响的记录条数,例如把 8-3.asp 改写为:

---改写后的　 8-3.asp---

```
<!--#include file="conn.asp" -->
<%
    conn.Execute"insert into Users(Name,Password,Email) Values('赵七儿
','321_@b','A_zhao@163.com')",number
    response.write"本次操作共添加 "&number&" 条记录"
%>
```

在网站用户注册过程中,必须先判断用户名是否存在,若已经存在就不能以此用户名注册新用户;用户密码也不能直接放到数据库表字段中,而经过加密(通常为 MD5 加密算法)后再存入数据库表内;用户名必须合法,如不得有某些特定的字符,不能过长或过短;密码必须输入两次,两次输入的密码相同时才能注册等。在本章最后一节中我们再详细讨论。

(3)利用 Delete 语句删除记录

和添加记录一样,删除记录也不需要返回记录集,直接使用 Connection 对象的 Execute 方法来执行相关的 SQL 语句就可以了。例如:

---清单 8-4　　8-4.asp---

```
<!--#include file="conn.asp" -->
<% conn.Execute "Delete From Users where name='赵七儿'",number %>
<html>
<head><title>删除记录数</title></head>
<body>
    本次操作共有 <%=number%> 条记录被删除
</body>
</html>
```

运行结果如图 8-12 所示。

图 8-12 8-4.asp 运行结果

（4）利用 Update 语句修改记录

请看下例，修改用户的密码。

--清单 8-5 8-5.asp--

```
<!--#include file="conn.asp" -->
<% conn.Execute "Update Users set Password='modi' where name='李四水'",number %>
<html>
<head><title>修改记录</title></head>
<body>
    本次操作共有 <%=number%> 条记录被修改
</body>
</html>
```

在实际网站中，修改密码先要判断用户的权限，权限不够不得修改。在有些情况下，修改记录可以用删除记录再增加记录完成，但在 Access 中有自动编号字段，每一条记录的自动编号都是不同的且不能改变自动编号，所以还是用 Update 语句更新记录更直接科学。

8.5.2 Recordset 对象的属性

Recordset 对象的属性以前很少用到，要想随心所欲地操纵记录，就必须用到 Recordset 对象的属性。常用属性如表 8-9 所示。

表 8-9 Recordset 对象的常用属性

属　　性	说　　明
Source	Command 对象名或 SQL 语句或数据表名
ActiveConnection	Connection 对象名或包含数据库连接信息的字符串
CursorType	Recordset 对象记录集中的指针类型，取值见表 8-6
LockType	Recordset 对象锁定类型，取值见表 8-7

属 性	说 明
Maxrecords	控制从服务器取得的记录集的最大记录数目
CursorLocation	控制数据处理的位置，客户端还是服务器端
Filter	控制欲显示的内容
RecordCount	记录集总数
Bof	记录集的开头
Eof	记录集的结尾
PageSize	数据分页显示时每一页的记录数
PageCount	数据分页显示时数据页的总数
AbsolutePage	当前指针所在的数据页
AbsolutePossition	当前指针所在的记录行

Recordset 对象的属性可以根据功能大致分成三组。

1. 第一组

主要限定记录集的内容和性质，这一组属性通常需要在打开记录集（使用 Open 方法）前设置。

（1）Source

该属性用于设置数据库查询信息，可以是 Command 对象名、SQL 语句或表名等。语法为：

Recordset 对象.Source=数据库查询信息

例如：

```
<%
    dim rs
    set rs=Server.CreateObject("ADODB.Recordset")
    rs.Source= "Select * from Users"
    response.Write rs.Source
%>
```

（2）ActiveConnection

该属性用于设置数据库连接信息，可以是 Connection 对象名或包含数据库连接信息的字符串。语法为：

Recordset 对象.ActiveConnection=数据库连接信息

（3）CursorType

该属性用于设置记录集指针类型，取值见表 8-6，语法为：

Recordset 对象. CursorType=取值(0|1|2|3)

如不设置，默认值是 0，指针只能向前移动，要想指针可以自由前后移动，一般设为 1 或 2。

（4）LockType

该属性用于设置记录集的锁定类型，取值见表 8-7，语法为：

Recordset 对象.LockType=取值（1|2|3|4）

如不设置，默认值是 1，表示只能读取。前面说过执行添加修改等操作时不需要用 Recordset 对象，但利用 Recordset 对象也可以执行添加、删除、更新等操作，不过这时就要设置该属性，如一般设置为 2。

下面来看一个例子说明前面四个属性的用法。使用前面学习的这四个属性来改写 8-1.asp，代码如下：

---清单 8-6   8-6.asp--

```
<!--#include file="conn.asp" -->
<%
'建立 Recordset 对象
dim rs
set rs=Server.CreateObject("ADODB.Recordset")
rs.Source="Select * from Users"
rs.ActiveConnection=conn
rs.CursorType=0    ' 0 为默认值,此句可以省略
rs.LockType=1       ' 1 为默认值,此句可以省略
rs.Open
%>
```

从这个例子可以看出，使用 Recordset 对象的这几个属性和设置 Open 方法的参数的效果是一样的，它们具有相同的作用。

（5）CursorLocation

该属性用于设置记录集在客户端还是在服务器处理。取值及说明如表 8-10 所示，语法为：

Recordset 对象.CursorLocation= 整数值(1|2|3)

表 8-10   CursorLocation 参数取值及说明

CursorLocation 参数	取值	取 值 含 义
AdUseClient	1	在客户端处理
AdUseServer	2	在服务器端处理
AdUseClientBatch	3	动态处理，在客户端处理，不过处理时要切断连接，处理完毕再重新连接更新

一般情况下，我们并不关心记录集在哪里处理，不过恰当地设置该属性，可以使资源得到优化。比如为了减轻服务器的负担，可以把记录集放在客户端处理。

（6）Filter

该属性用于设置欲显示的内容。取值及说明如表 8-11 所示，语法为：

Recordset 对象.Filter=取值(0|1|2|3)

表 8-11   Filter 参数取值及说明

CursorLocation 参数	取值	取 值 含 义
AdUseClient	1	在客户端处理
AdUseServer	2	在服务器端处理
AdUseClientBatch	3	动态处理，在客户端处理，不过处理时要切断连接，处理完毕再重新连接更新

2. 第二组

接下来的 RecordCount、Bof、Eof 这三个属性可以归为第二组，该组属性主要是关于记录的，它们一般只能在打开记录集后再读取，而不能设置。

（1）RecordCount

该属性用于返回记录集中的记录总数，语法为：

Recordset 对象.RecordCount

以下为统计 Users 表中记录总数。

--清单 8-7   8-7.asp--

```
<!--#include file="conn.asp" -->
<%
    '建立 Recordset 对象
    dim rs
    set rs=Server.CreateObject("ADODB.Recordset")
    rs.Open "Select * from Users",conn,1
    response.Write "共有  "&rs.RecordCount&" 条记录"
%>
```

使用访问属性时，必须设置指针类型 CursorType 为 1 或 3，否则会出错。

（2）Bof

该属性用于判断当前记录指针是否在记录集的开头（第一条记录之前），在开头返回 True，否则返回 Flase。

（3）Eof

该属性用于判断当前记录指针是否在记录集的结尾（最后一条记录之后），在结尾返回 True，否则返回 Flase。

如果记录集为空，可以认为记录集指针既在开头，也在结尾。Bof 和 Eof 属性的值都为 True，常用此属性来判断记录集是否为空。例如：

```
<%.....
    rs.Open......
    if rs.Eof and rs.Bof   Then
        response.write"没有找到相关的记录"
        ......
    end if
```

```
%>
```

3. 第三组

第三组属性主要用来完成数据分页显示的功能,这一组属性通常在打开记录集后再设置。

(1) PageSize

该项属性用于设置数据分页时第一页的记录数。语法为:

  Recordset 对象.PageSize=整数

(2) PageCount

该属性用于设数据分页显示时数据页的总数。语法为:

  Recordset 对象.PageCount

(3) AbsolutePage

该属性用于设置当前指针位于哪一页。语法为:

  Recordset 对象.AbsolutePage=整数

该整数应该小于数据页的总数

(4) AbsolutePostion

该属性用于设置当前指针所在的记录行的绝对值。语法为:

  Recordset 对象. AbsolutePostion=整数

使用这几个属性完成数据分页时,一般把 CursorType 设置为 1,下一节将详细讲述如何使用四个属性进行数据分页显示。

8.5.3 Recordset 对象的方法

和其他对象一样,Recordset 对象有许多方法,这些方法提供了一些和记录集相关的操作,常用的方法如表 8-12 所示。

表 8-12   Recordset 对象的常用方法

方 法	说 明
Open	打开记录集
Close	关闭当前的 Recordset 对象
Requery	重新打开记录集
MoveFirst	指针移动到第一条记录
MovePrevious	指针移动到上一条记录
MoveNext	指针移动到下一条记录
MoveLast	指针移动到最后一条记录
Move	指针移动到指定记录

我们同样把 Recordset 对象的常用方法分为两大组。

1. 第一组

第一组是关于 Recordset 对象的打开与关闭。

(1) Open

前面已经多次使用过该方法,它的作用是打开记录集,还可以带几个参数,语法为:

Recordset 对象.Open [Source],[ActiveConnection],[CursorType],[LockType],[Options]

关于参数意义请参照 8.4 节的内容。

（2）Close

该方法用于关闭 Recordset 对象。语法为：

Recordset 对象.Close

和 Connection 对象的关闭方法一样，及时关闭它们是一个好习惯。

（3）Requery

该项方法用于重新打开记录集，相当于关闭再打开。语法为：

Recordset 对象. Requery

2. 第二组

主要用来移动记录指针。

（1）MoveFirst

该方法用于将记录指针移动到第一条记录。语法为：

Recordset 对象. MoveFirst

（2）MovePrevious

该方法用于将记录指针移动到上一条记录。语法为：

Recordset 对象. MovePrevious

（3）MoveNext

该方法用于将记录指针移动到下一条记录。语法为：

Recordset 对象. MoveNext

（4）MoveLast

该方法用于将记录指针移动到最后一条记录。语法为：

Recordset 对象. MoveLast

（5）Move

该方法用于将指针移动到指定的记录。语法为：

Recordset 对象. Move number,start

上述语法的参数意义如下：

start：设置指针移动的开始位置，如省略默认为当前指针的位置。

number：从 start 设置的起始位置向前或向后移动 number 条记录，如 number 为正整数，表示向下移动；如 number 为负整数，表示向上移动。

8.5.4 使用分页属性分页显示记录集

当要显示的数据较多时，往往把数据分成多页来显示，用户可以一页一页地浏览。常用的 BBS 都有分页显示功能。如国内较有影响的动网论坛（DVBBS）就有很好的分页显示功能，如图 8-13 所示。

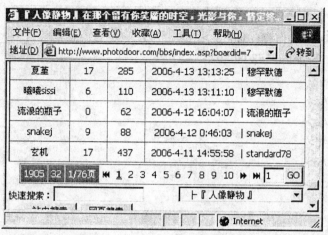

图 8-13 DVBBS V7.0 的分页显示

要进行分页,就要用到前面学习的 Recordset 对象的第三组属性:PageSize、PageCount 和 AbsolutePage,请看属性表 8-10 中这些属性的含义。

请看一个分页显示的例子,在 8-2.asp 中加入显示分页的功能。

---清单 8-8   8-8.asp---

```
<!--#include file="conn.asp" -->
<html>
<head><title>分页显示 Users 中的数据</title></head>
<body>
<%
    '------------------a 记录集 rs----------------------------
    dim rs
    set rs=Server.CreateObject("ADODB.Recordset")
    rs.Open "Select * from Users",conn,1
    '---如果第一次打开,不带 URL 参数 pageNo,则显示第一页----------
    Dim pageNo,pageS
    if Request.querystring("pageNo")="" Then
        pageNo=1
    else
        pageNo=cInt(request.querystring("pageNo"))
    end if
    '----------------b---------------------------------
    '开始分页显示,指向要显示的页,然后逐条显示当前的所有记录
    rs.PageSize=2   '设置每页显示两条记录
    pageS=rs.PageSize  'PageS 变量用来控制显示当前页记录
    rs.AbsolutePage=pageNo'设置当前显示第几页
%>
<!----------------c-------表头内容-------------------->
```

```
<table border="1">
    <caption>表 Users 的内容</caption>
    <tr height="30" bgcolor="#808080">
        <td>ID</td>
        <td>Name</td>
        <td>Email</td>
        <td>Topic</td>
        <td>Reply</td>
        <td>Power</td>
    </tr>
    <%
'-----------------d---表中的内容，用循环实现--------------
    Do while not rs.Eof and pageS>0    %>
    <tr>
        <td><%=rs("Id")%></td>
        <td><%=rs("Name")%></td>
        <td><%=rs("Email")%></td>
        <td><%=rs("Topic")%></td>
        <td><%=rs("Reply")%></td>
        <td><%=rs("Power")%></td>
    </tr>

    <%
    rs.moveNext
    pageS=pageS-1
    Loop
%>
<!-----e--------显示页数的一行存在链接的文字------>
    <tr>
        <td colspan="6" align="right">
        <%
        response.write rs.RecordCount&"条 "      '共多少条记录
        response.write rs.PageCount&"页 "          '共分多少页
        response.write    pageNo&"/"&rs.PageCount&"页 "
        '当前页的位置
            dim i      'i 作为循环变量
            for i=1 to rs.PageCount
                if i=pageNo then
                    response.write i&" "  '分页,如果是当前页,则不存在链接
                else
```

```
            response.write "<a href='8-8.asp?pageNo="&i&"'>"&i&"</a> "
        end if
    next
%>    </td>
  </tr>
 </table>
</body>
</html>
<%
    rs.close
    set rs=nothing
    conn.close
    set conn=nothing
%>
```

执行结果如图 8-14 所示。

图 8-14　分页显示结果

此程序比较复杂，下面对此程序作一些说明：

①程序的中心思想是每一次选择要显示的页数，然后将该参数返回给本程序。

②a 部分建立 Recordset 对象 rs，如果没有 URL 没有带参数，则显示第一页。

③b 部分是程序的重点和难点：先设置每页显示的记录数为了 2，然后根据 pageNo 的值将指针指向相应的页。当指针指向每一页的时候，其实就是指向该页的第一条记录，然后利用循环依次显示该页的每一条记录。

④注意 d 部分的循环：如果指针指向某页的最后一条记录时，还继续使用 MoveNext 方法，则指针就指向下一页的第一条记录。因此，在每页的循环条件中要判断两种结尾，一种是本页的结尾 pageNo>0，另一个是最后一页可能只有一条记录，因此还要判断是否整个记录

高等院校计算机系列教材

的结尾 rs.Eof。

在 Internet 上，有很多 ASP 的资源可以利用，比如分页、上传、UBBCode 等，有编写好的免费源代码供我们使用，合适地利用这些源代码可以提高 ASP 程序编写的速度。

分页可以使用类来实现，这些类已经由别人编写好了，并且是经过多次修改后的非常优秀的类，我们可以下载该类的源代码，再新建对象时就可以很容易地进行分页显示了。不过，当你开发的 ASP 程序作为商业用途时，请注意有关的版权问题。

8.5.5　使用 Field 对象和 Fields 集合

Fields 对象又称字段对象，是 Recordset 的子对象。在一个记录集中，第一个字段就是一个 Field 对象，而所有的 Field 对象组合起来就是 Fields 集合。

在前面 8-2.asp 中，我们使用过 rs("Email")来取得当前记录的 Email 字段的值，其实使用的是 Fields 集合和 Field 对象。要输出 Email 字段当前记录的值，可使用以下八种方法：

（1）rs("Email")

（2）rs.Fields("Email")

（3）rs.Fields("Email").Value

（4）rs.Fields.Item("Email").Value

（5）rs (3)

（6）rs.Fields(3)

（7）rs.Fields(3).Value

（8）rs.Fields.Item(3).Value

说明：这里的（3）是 Email 字段在记录集 rs 中的索引值，可以通过 Select 语句来改变此索引值。例如，把 8-2.asp 中的 rs.Open "Select * from Users",conn 语句改写成 rs.Open "Select Email,Id,Name,Power from Users",conn，此时 Email 字段在 rs 记录集中的索引值就变成了 0。

1. Field 集合的属性 Count

Field 集合的属性只有一个，就是 Count 属性。该属性返回记录集中字段（Field 对象）的个数。语法为：

Recordset 对象.Fields.Count

2. Fields 集合的方法 Item

Fields 集合的方法也只有一个，就是 Item 方法。该方法用于建立某一个 Field 对象。语法为：

Set Field 对象=Recordset 对象.Fields.Item（字段名或字段索引值）

其中字段索引值是根据记录集中的先后顺序从 0 起到 Fields.Count-1。

下面几条语句都是创建 Email 字段的 Field 对象。

--------------------------------------清单 8-9　8-9.asp--------------------------------------

```
<!--#include file="conn.asp" -->
<%
    '建立 Recordset 对象
    dim rs
    set rs=Server.CreateObject("ADODB.Recordset")
```

```
rs.Open "Select * from Users",conn
dim fld
'使用字段名或索引值作为参数建立 Field 对象
set Fld=rs.Fields.Item("Email")
set Fld= rs.Fields.Item(3)
'------------Item 可以省略----------------
set Fld=rs.Fields("Email")
set Fld= rs.Fields(3)
'------------Fields 也可以省略------------
set Fld=rs("Email")
set Fld= rs(3)
%>
```

3．Field 对象的属性

Field 对象的常用属性如表 8-13 所示。

表 8-13　　　　　　　　　　　　　Field 对象的常用属性

属　性	说　　明
Name	字段名称
Value	字段值
Type	字段数据类型
DefinedSize	字段长度
Precision	字段存放数字最大位数
NumericScale	字段存放数字最大值
ActualSize	字段数据长度
Attributes	字段数据属性

　　表中所列出的属性基本上是用来返回字段（Field 对象）的各种性质，比如字段类型、长度等，这些属性在 Access 表设计视图中是可以看到的。
　　Value 是最常用的属性，其他属性用得较少，请看下面的例子。

---清单 8-10　　　8-10.asp---

```
<!--#include file="conn.asp" -->
<%
    dim rs
    set rs=Server.CreateObject("ADODB.Recordset")
    rs.Open "Select * from Users",conn
    dim i,fld
    '表格的第一行
```

```
response.write "<table border=1><tr><td>字段名称</td><td>字段类型</td><td>字段大小
</td><td>字段最大位数</td></tr>"
'表格的第二行作为循环体,取得所有字段名等属性的值
For i=0 to rs.Fields.Count-1
  set fld=rs.Fields.item(i)
  response.write
  "<tr><td>"&fld.Name&"</td><td>"&fld.Type&"</td><td>"&fld.Definedsize&"</td><td>
  "&fld.Precision&"</td></tr>"
Next
'表格结束
response.write"</table>"
%>
```

运行结果如图 8-15 所示。

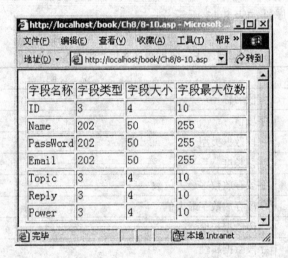

图 8-15   程序 8-10 的运行结果

我们用 Field 对象的属性来获得表结构:每一次循环建立一个 Field 对象 Fld,每一个 Fld 对象依次属于每一个字段,在循环中输出此对象的名称、类型、大小和最大位数属性,循环结束也就输出了整个表的所有字段的结构,也就是表的结构了。通常我们都用这种方式获取表的结构。

8.6   ASP 存取数据库的综合应用——用户注册、登录与退出登录

为了综合本章所学习的知识,这里以常用的用户注册与登录为例,具体介绍数据库存取组件的应用。

注册中要用到查询和插入记录集,先查询该用户名是否已经存在,若用户名已经存在则返回注册失败信息,若用户名不存在则插入当前用户名到数据库表中。

在登录中，要用到查询记录集，查询条件为用户名和用户密码与用户输入的登录名和密码一致，若查询记录集为空则登录失败，若不为空则登录成功。登录成功的同时要把用户名存入 Session 对象中，标志用户已经登录。当然也可以使用 Cookies 来记录用户名等信息，这里为了简单把用户名记录在 Session 对象中。

退出登录的过程就是清除记录用户名的 Session 对象的过程，没有此标志说明用户没有登录也就是退出了登录。

为了避免使用过多张网页造成混淆，这里把以上三种功能整合在一张网页 reg_logAction.asp 中。

在访问网页主页的时候就会先判断记录用户名的 Session 对象是否为空，为空则显示登录表单，不为空则显示欢迎信息。

我们共使用了一个数据库文件和四个 ASP 文件，它们是：

（1）BBS#.mdb——数据库文件

（2）conn.asp——连接数据库，建立 Connection 对象

（3）index.asp——用户登入网页的第一个页面

（4）regForm.asp——用户填写注册信息的页面

（5）reg_logAction——用户注册登录和退出登录功能页面

下面依次建立各个文件。

（1）数据库文件 BBS#.mdb

该文件在本章的开头已经建立，这里只用到数据库中的一张表 Users，表结构如图 8-7 所示，这里没有任何改动。

（2）连接数据库文件 Conn.asp

--清单　 conn.asp--

```
<%
Dim conn
set conn=Server.CreateObject("ADODB.Connection")
conn.open "Driver={Microsoft Access Driver (*.mdb)};
Dbq="&Server.MapPath("data\BBS#.mdb") '注意:conn.open 句中没有换行,到此才结束
%>
```

（3）用户访问网站的首页 index.asp

这里使用了条件语句，根据条件成立与不成立来显示不同的信息：登录表单与欢迎信息。

---清单　 index.asp---

```
<!--#include file="conn.asp" -->
<html>
<head>
    <title>用户注册登录示例</title>
</head>
<body>
```

```
<%if session("userName")="" then %>
<!--如果没有登录则显示登录表单 -->
<table width="98%" border="0" cellpadding="5" cellspacing="1" bgcolor="#666666">
        <!-- 注意表单的 Action 后面带的 URL 参数-->
  <form name="form1" method="post" action="reg_logAction.asp?action=log">
    <tr>
      <td bgcolor="#dddddd"> 用户登录:
      用户名:<input name="userName" type="text" id="userName" size="12">
      密码:    <input name="passWord" type="password" id="passWord" size="12">
      <input type="submit" name="Submit" value="会员登录">
      <a href="regForm.asp">注册新会员</a></td>
    </tr>
  </form>
</table>
<%else%>
<!--如果已经登录则显示欢迎信息 -->
<table width="98%" border="0" cellpadding="5" cellspacing="1" bgcolor="#666666">
  <tr>
    <td bgcolor="#dddddd">
      欢迎您:<% =session("userName") %>
      今天是:<%=date( )%>
      <!-- 注意链接后面带的 URL 参数-->
      <a href="reg_logAction.asp?action=exit">退出登录</a> </td>
  </tr>
</table>
<%end if%>
</body>
</html>
```

两种状态下的界面分别如图 8-16 和图 8-17 所示。

图 8-16　用户未登录时显示登录界面

图 8-17 用户已登录时显示欢迎信息

（4）用户填写注册信息的页面 regForm.asp

---清单　regForm.asp---

```
<html>
<head>
    <title>用户注册</title>
</head>
<body>
<form name="form1" method="post" action="reg_logAction.asp?action=reg">
  <table width="98%" border="0" cellpadding="5" cellspacing="1" bgcolor="#666666">
    <tr bgcolor="#dddddd">
      <td colspan="2">>> 填写注册信息</td>
    </tr>
    <tr bgcolor="#FFFFFF">
      <td width="150">用户名:</td>
      <td><input name="userName" type="text" id="userName"></td>
    </tr>
    <tr bgcolor="#FFFFFF">
      <td width="150">密码:</td>
      <td><input name="passWord" type="password" id="passWord"></td>
    </tr>
    <tr bgcolor="#FFFFFF">
      <td width="150">重复密码:</td>
      <td><input name="passWord2" type="password" id="passWord2"></td>
    </tr>
    <tr bgcolor="#FFFFFF">
      <td width="150">电子邮件:</td>
      <td><input name="email" type="text" id="email"></td>
    </tr>
    <tr bgcolor="#FFFFFF">
      <td colspan="2" align="center">（必须填写所有信息)
        <input type="submit" name="Submit" value="确定注册">
       
```

```
            <input name="Submit2" type="reset" value="重填信息"></td>
        </tr>
      </table>
</form>
</body>
</html>
```

执行界面如图 8-18 所示。

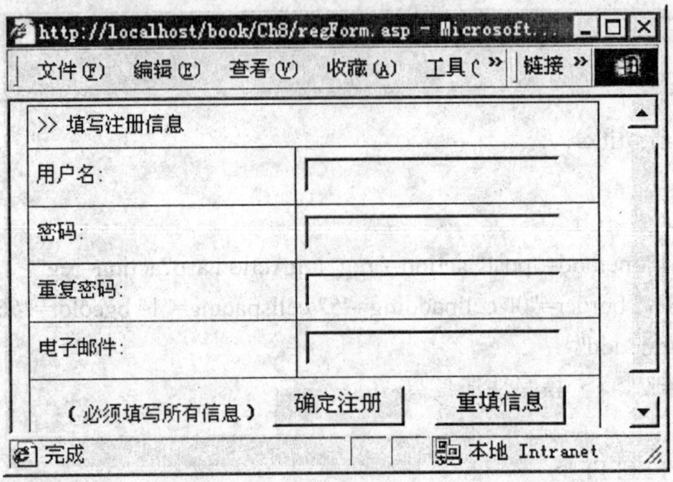

图 8-18 用户填写注册信息页面

（5）注册登录和退出登录功能页面 reg_logActio.asp

这张网页最为复杂，请参照说明仔细阅读本页面。

--清单   reg_logActio.asp--

```
<!--#include file="conn.asp" -->
<%
    dim rs,str
    'str 变量中存储登录/注册/退出的相关信息
    'rs 为记录集
    set rs=Server.CreateObject("ADODB.Recordset")
    select case Request.QueryString("Action")
    '使用分支语句,依据 URL 后面的不同参数执行不同的分支

    '--------------------用户登录-------------------------
    case "log"
    rs.Open "Select * from Users where Name='"&request.Form("userName")&"'  and
PassWord='"&request.Form("passWord")&"'",conn
```

```
'使用 eof 和 bof 来判断记录集是否为空
if not rs.eof and not rs.bof then
  session("userName")=request.Form("userName")
  str="1. 登录成功<br>2. 3 秒后返回主页"
else
  str="1. 登录失败<br>2. 3 秒后返回主页"
end if


'----------------------退出登录------------------------------------
case "exit"
   '清除 Session("username")
session("userName")=""
str="1. 用户退出成功<br>2. 3 秒后返回主页"


'----------------------注册新用户----------------------------------
  case "reg"
if request.form("userName")< >"" and request.form("passWord")< >"" and request.form
    ("passWord2")=request.form("passWord") and request.form("email")< >"" then
rs.open "select * from Users where Name='"&request.Form("userName")&"'",conn
   '判断用户名是否已经存在
if not rs.eof and not rs.bof then
   str="1. 用户名已经存在，请重新选择用户名<br>2. 3 秒后返回主页"
   '插入记录,注册新用户
else
   conn.execute ("insert Into Users(Name,PassWord,Email) Values ('"&request.form
("userName")&"','"&request.form("passWord")&"','"&request.form("email")&"')")
   str="1. 用户注册成功<br>2. 3 秒后返回主页"
end if
else
'用户注册信息不正确,注册失败
str="1. 用户注册信息不正确,注册失败<br>2. 3 秒后返回主页"
end if


'------------------------------------------------------------
case Else
 response.write "请选择事件"

end Select

%>
```

```
<html>
<head>
    <title>登录/注册/退出 结果</title>
    <!--3 秒后返回 index.asp -->
    <meta http-equiv="refresh" content="3;URL=index.asp">
</head>
<body>
<table width="98%" border="0" cellpadding="5" cellspacing="1" bgcolor="#666666">
  <tr bgcolor="#dddddd">
    <td>>> 登录/注册 结果</td>
  </tr>
  <tr bgcolor="#FFFFFF">
    <td><%=str%></td>
  </tr>
</table>
</body>
</html>
```

执行页面分别如图 8-19 至图 8-23 所示。

图 8-19　用户登录成功

图 8-20　用户登录失败

图 8-21 用户退出登录成功

图 8-22 用户注册成功

图 8-23 用户注册失败

【练习八】

1. 自行设计数据库表，开发一个在线通信录，要求能显示通信录的内容，并能添加、修改和删除通信录中的内容。

2. 进一步修改第 7 章中习题 2 的程序，用数据库表来记录注册在线用户和留言内容，把留言显示在表格中。

3. 进一步修改第 7 章中习题 3 的程序，用一个数据库表来记录投票内容，票数统计、已经投票的用户名等信息。

提示：可以设计数据表结构如图 8-24 所示，使用 content 来记录投票选项（用"|"隔开，

高等院校计算机系列教材

注意：若投票选项中含有"|"应把它转换为其他字符，不然投票项就会不正确），votenum 记录各项的票数（也用"|"隔开），voteuser 记录已经投票了的用户的编号（也用"|"隔开），在读取的时候用 Split( )函数把这些值赋给数组来进行相关处理。

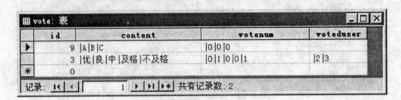

图 8-24

【实验八】 ASP 存取数据库实验

实验内容：

1．验证本章 8.6 节的注册/登录/注销系统。

2．找出其中建立的 Connection 对象、建立记录集对象的关键语句。

3．查阅有关 MD5 加密算法书籍，在互联网上下载 MD5.asp 的网页，并使用 MD5 对用户密码进行加密。

第 9 章　ASP 微型 BBS 论坛设计与实现

【本章要点】

1. 综合 HTML、CSS、JavaScript、ASP 开发网络程序
2. 简单 BBS 论坛数据库的设计
3. 简单 BBS 论坛页面的设计

使用 ASP 开发一个实际的网络程序，要用到 HTML、CSS、JavaScript、ASP 四种技术，HTML 和 CSS 生成是最基本网页外观，而 JavaScript 可以在客户端实现 HTML 无法实现的一些效果，ASP 可以操作数据库，可以使用对象轻松实现动态网页。

一个网络程序并不是越复杂越好，过分复杂的设计不仅会浪费大量的精力和时间，而且也会使访问者眼花缭乱、不知所措，我们要根据要求进行合理的设计。这一章我们结合前面几章所学习的技术，以简单实用、美观大方的原则设计开发一个最简单的 BBS 论坛。

9.1　简单 BBS 论坛的构成

本论坛要实现的功能有：用户注册/登录、帖子分类（区和版块）显示、发表主题帖子和回复帖子。

本例子中包括 12 个文件：

BBS#.mdb——数据库文件，用来存储留言信息；

conn.asp——连接数据库文件；

mainCSS.css——CSS 层叠样式表文件；

mainJs.js——JavaScript 文件；

mainFun.asp——存放 VBScript 过程；

index.asp——BBS 论坛首页，显示论坛的区和版块信息；

block.asp——显示版块的所有主题；

newTopic.asp——发表新主题帖；

topic.asp——显示某个特定的主题帖和回复；

reply.asp——对某个特定的主题帖发表回复帖；

regForm.asp——新用户注册表单（在第 8 章中已经学习过）；

reg_logAction——用户注册/登录/注销页（在第 8 章中已经学习过）。

其中用户注册/登录页 regForm.asp 、reg_logAction 和 Index.asp 的注册/登录/退出登录部分已经在上一章学习过，下面我们来学习完成其他功能的部分。

高等院校计算机系列教材

9.2 数据库文件 BBS#.mdb

在这个最小型的 BBS 论坛中，我们使用 Access 作为后台数据库，数据库文件为 BBS#.mdb，它包含了三张表：Users，Comment，Block，它们的作用和结构分述如下。

1. 表 Users

记录注册用户信息，结构如图 9-1 所示。

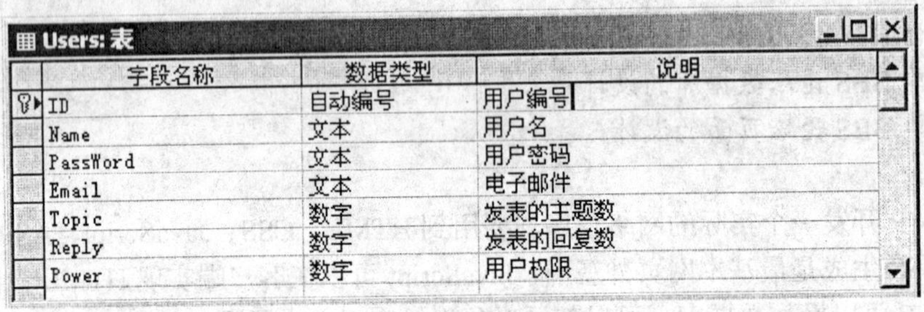

Users: 表

字段名称	数据类型	说明
ID	自动编号	用户编号
Name	文本	用户名
PassWord	文本	用户密码
Email	文本	电子邮件
Topic	数字	发表的主题数
Reply	数字	发表的回复数
Power	数字	用户权限

图 9-1 数据库表 Users 的结构

前面已经多次使用过这张表，这里不对它进行详细的说明了。

2. 表 Block

记录所有的区与版块信息，结构如图 9-2 所示。

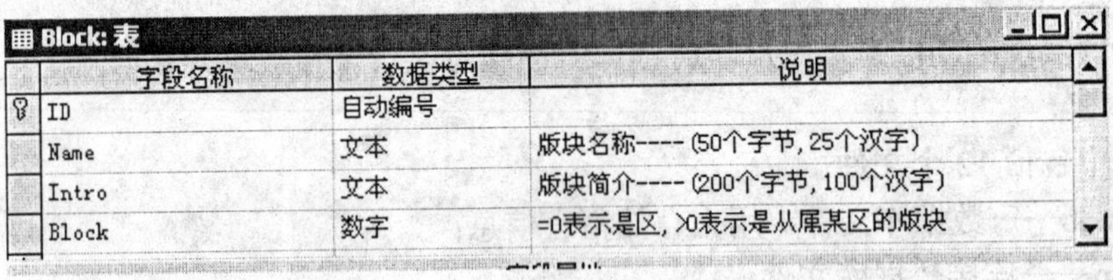

Block: 表

字段名称	数据类型	说明
ID	自动编号	
Name	文本	版块名称---- (50个字节, 25个汉字)
Intro	文本	版块简介---- (200个字节, 100个汉字)
Block	数字	=0表示是区, >0表示是从属某区的版块

图 9-2 数据库表 Block 的结构

为了简单明了，Block 表只设了四个字段，用 Block 字段来记录是区还是版块（一个区可以包含多个版块），Block 为 0 表示是区，Block 大于 0 表示是版块，并在 Block 放置从属于哪个区的 ID，请看如图 9-3 所示的几条记录。

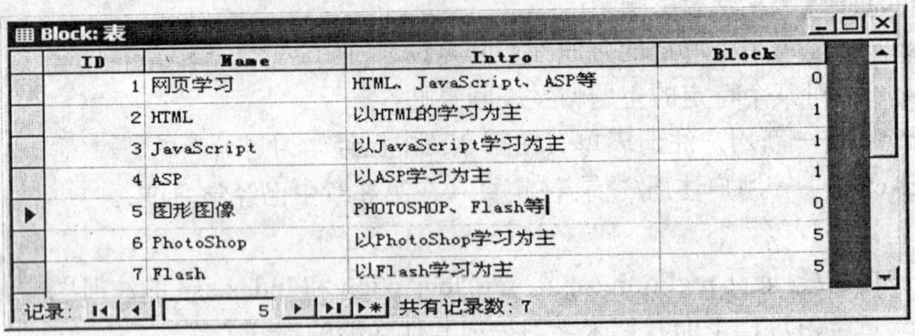

Block: 表

ID	Name	Intro	Block
1	网页学习	HTML、JavaScript、ASP等	0
2	HTML	以HTML的学习为主	1
3	JavaScript	以JavaScript学习为主	1
4	ASP	以ASP学习为主	1
5	图形图像	PHOTOSHOP、Flash等	0
6	PhotoShop	以PhotoShop学习为主	5
7	Flash	以Flash学习为主	5

记录：5 共有记录数：7

图 9-3 数据库表 Block 的几条记录

很显然，ID 为 1 和 5 的记录是区，ID 为 2、3、4 的版块从属于第一个区，ID 为 6、7 的两个版块属于第二个区。若要添加区或版块，只要在这张表中插入记录就可以了，不需要改动其他的数据库表和 ASP 程序。

根据图 9-5 中的记录来对本 BBS 论坛进行区和版块的划分结果如图 9-4 所示，灰色的表格表示区，下面白色的表格表示从属于此区的版块。

图 9-4　区与版块的划分

3. 表 Comment

记录所有的主题帖和回复信息，结构如图 9-5 所示。

字段名称	数据类型	说明
ID	自动编号	自动编号的帖子ID
Block	数字	本帖属于哪个版块
Title	文本	帖子主题-
Comment	备注	帖子内容(备注型)
Topic	数字	0表示主题帖, >0表示回复帖
Author	文本	发帖/回复者姓名
IP	文本	发帖者IP
Date	日期/时间	发帖时间(默认值NOW ( ))
Reply	数字	主题帖子的回复数
Browse	数字	主题帖子的浏览次数
LastReply	日期/时间	最后回复时间, 默认值NOW ( ))

图 9-5　数据库表 Comment 的结构

用一张表记录所有版块的所有主题帖和所有的回复帖，我们不禁要问：怎样标记帖子是哪一个版块？怎么区分主题帖与回复帖？怎么记录回复帖是针对哪个主题帖的回复？我们用 Block 字段来记录帖子是属于哪一个版块；用 Topic 字段来记录主题帖与回复帖：Topic 为 0 表示是主题帖，Topic 大于 0 表示是回复帖；回复帖中，Topic 字段可以放置回复主题帖的编号，表示属于哪一个主题帖的回帖。

最后回复时间字段记录的是主题帖的最后回复时间，没有回复则记录发帖时间，它的作用是对利用此字段对主题帖进行排序，最新回复的主题帖显示在前面。请看如图 9-6 所示的几条记录。

字段名称	数据类型	说明
ID	自动编号	自动编号的帖子ID
Block	数字	本帖属于哪个版块
Title	文本	帖子主题-
Comment	备注	帖子内容(备注型)
Topic	数字	0表示主题帖,>0表示回复帖
Author	文本	发帖/回复者姓名
IP	文本	发帖者IP
Date	日期/时间	发帖时间（默认值NOW（））
Reply	数字	主题帖子的回复数
Browse	数字	主题帖子的浏览次数
LastReply	日期/时间	最后回复时间,默认值NOW（）

图 9-6　数据库表 Comment 的前几条记录

这 5 条记录的 Block 字段的值都为 2，表明它是编号为 2 的版块的帖子。

ID 为 1 的记录，Topic=0，是主题帖；ID 为 3 的记录，Topic=1，是回复帖，是 ID=1 的主题帖的回复帖；ID 为 7 的记录，Topic=0，是主题帖；ID 为 18 的记录，Topic=7，是回复帖，是 ID=7 的主题帖的回复帖；ID 为 19 的帖子，Topic=7，是回复帖，是 ID=7 的主题帖的回复帖。

显然，这样可以很明确地区分帖子属于哪个版块、主题帖与回复帖、从属于哪个主题帖的回帖了。

9.3　mainCSS.css、mainJs.js、mainFun.asp

1. mainCSS.css 层叠样式表文件

利用 CSS 可以使页面元素精确定位，并可以方便地控制一批文件的风格。这里只定义了网页表格中文字的字体、大小和一个白色的文字样式，表格强制换行。可以不使用 CSS 文件，只会影响页面的外观，但不会影响 BBS 的功能。

--清单　mainCSS.css---

```
body,td{font-family:verdana;font-size:9pt}
table{word-break:break-all} /*强制换行*/
.td1{font-size:9pt;color:#FFFFFF;font-weight: bold;} /*白色粗体字*/
```

----

2. mainJs.js JavaScript 文件

利用客户端执行 JavaScript 可以实现一些单纯 HTML 无法实现的功能，如文本域字数的控制等。

--清单 mainJs.js--

```javascript
function gbcount(message,total,used,remain)//字数统计
{
    var max;
    max =total.value;
    if (message.value.length > max) {
    message.value = message.value.substring(0,max);
    used.value = max;
    remain.value = 0;
    alert("输入内容已经超过允许的最大值"+max+"字节！\n 请删减内容再发表！");
    }
    else {
    used.value = message.value.length;
    remain.value = max - used.value;
    }
}


function checkMaxLen(inputName,maxLen,msg)//最多字数控制
 {
    if (inputName.value.length >maxLen)
    {    inputName.value = inputName.value.substring(0,maxLen);
        alert(msg);
    }
 }


function checkMinLen(inputName,minLen,msg)//最少字数控制
 {
  if (inputName.value.length <minLen)
    {alert(msg);
     return false;}
  return true;
  }

//检查内容是否一致(如两次输入密码)
  function checkTwoTxt(inputName1,inputName2,msg)
{
  if (inputName1.value!=inputName2.value)
```

```
    {alert(msg);
     return false;}
  return true;
}
```

在第 5 章中，我们使用过两个 JavaScript 过程，这里不再介绍。

3. mainFun.asp VBScript 自定义过程函数文件

一些经常要使用的自定义过程和函数放在一个文件中，可以使整个网站的结构更清晰，修改更方便。这里只定义了一个替换字符实体函数 myReplace(myString)，在第 6 章学习过此函数。若不定义此函数，也可以用 Server 对象的 HTMLEncode 方法，它有类似的作用。

--清单 mainFun.asp---

```
<%
  Function myReplace(myString)'
    myString=Replace(myString,"&","&amp;")              '替换&为字符实体&amp;
    myString=Replace(myString,"<","&lt;")               '替换<为字符实体&lt;
    myString=Replace(myString,">","&gt;")               '替换>为字符实体&gt;
    myString=Replace(myString,chr(13),"<br>")           '替换回车符为换行标记<br>
    myString=Replace(myString,chr(32)," ")         '替换空格符为字符实体 
    myString=Replace(myString,chr(9),"     ")
  '替换 Tab 缩进符为四个空格
    myString=Replace(myString,chr(39),"&acute;")        '替换单引号为字符实体&acute;
    myString=Replace(myString,chr(34),"&quot;")         '替换双引号为字符实体&quot;
    myReplace=myString                                  '返回函数值
  End Function
%>
```

9.4 BBS 论坛主页 index.asp

为了尽可能地简单明了，本页面只有两个主要功能：一是用户登录/显示欢迎信息；二是能显示区与版块相关信息。在图 9-4 中，我们能清楚地看到这两个功能块。

--清单 index.asp---

```
<!--#include file="conn.asp" -->
<html>
<head>
    <title>BBS 论坛示例主页</title>
<link href="Inc/mainCss.css" rel="stylesheet" type="text/css">
</head>
```

```
<body>
   <!--功能一:用户登录/显示欢迎信息  -->
   <%if session("userName")="" then %>
   <!--如果没有登录则显示登录表单  -->
   <table width="98%" border="0" cellpadding="5" cellspacing="1" bgcolor="#666666">
   <!-- 注意表单的 Action 后面带的 URL 参数-->
   <form name="form1" method="post" action="reg_logAction.asp?action=log">
      <tr>
         <td bgcolor="#dddddd"> 用户登录:
            用户名：
            <input name="userName" type="text" id="userName" size="10">
            密码：
            <input name="passWord" type="password" id="passWord" size="10">
            <input type="submit" name="Submit" value="登录">
            <a href="regForm.asp">注册新会员</a>
         </td>
      </tr>
   </form>
   </table>
<%else%>
<!--如果已经登录则显示欢迎信息  -->
<table width="98%" border="0" cellpadding="5" cellspacing="1" bgcolor="#666666">
   <tr>
      <td bgcolor="#dddddd"> 欢迎您：
         <% =session("userName") %>
         今天是:<%=date( )%>
         <!-- 注意链接后面带的 URL 参数-->
         <a href="reg_logAction.asp?action=exit">退出登录</a> </td>
   </tr>
</table>
<%end if%>

<!--功能二:显示区与版块相关信息  -->
<%
dim rs
set rs=Server.CreateObject("ADODB.Recordset")
'注意 SQL 语句中的条件 Block=0，记录集 rs 中是区的信息
rs.Open "Select * from Block where Block=0",conn
'显示所有的区
do while not rs.eof
```

高等院校计算机系列教材

```
%>
<br>


<!--本表格中显示区名与简介  -->
<table width="98%" border="0" cellpadding="5" cellspacing="1" bgcolor="#666666">
  <tr>
    <td class="td1">
      <%=rs("Id")&"  "&rs("name")&"专区  简介:"&rs("Intro")%>
    </td>
  </tr>
</table>


<%
dim rs2
set rs2=Server.CreateObject("ADODB.Recordset")
'注意 SQL 语句中的条件 Block="&rs("id"),记录集 rs2 中是本区的所有版块信息
rs2.Open "Select * from Block where Block="&rs("id"),conn
'显示本区中的所有版块

  do while not rs2.eof
%>
    <!--本表格中显示区中的版块及相关信息  -->
    <table width="98%" border="0" cellpadding="5" cellspacing="1" bgcolor="#666666">
      <tr bgcolor="#FFFFFF">
        <td width="30" rowspan="2">
          <%=rs2("Id")%>
        </td>
        <td bgcolor="#FFFFFF">
          <%="【<a href='block.asp?block="&rs2("Id")&"'>"&rs2("name")&"</a> 】"%>
        </td>
      </tr>
      <tr>
        <td bgcolor="#FFFFFF">
          简介:<%=rs2("Intro")%>
        </td>
      </tr>
    </table>
```

```
<%
    rs2.movenext
    loop


rs.movenext
loop


conn.close
set conn=nothing
%>
</body>
</html>
```

　　Index.asp 显示区与版块相关信息中，使用了循环的嵌套。外面的循环 do while not rs.eof…loop 用来显示所有的区；里面的循环 do while not rs2.eof…loop 用来显示特定区中的所有版块。在版块的名字上面存在链接，并附有 URL 参数 block，点击此链接就会转到网页 block.asp，并使用 URL 参数所传递的信息来选定特定的版块的主题帖子列表。

　　在<head>部分，<link href="Inc/mainCss.css" rel="stylesheet" type="text/css">表示链接外部的样式文件 mainCss.css。

　　用户登录/显示欢迎信息功能在第 8 章中已经学习过。

9.5　版块主题帖列表页 block.asp

　　点击主页上面的版块链接时会打开当前版块主题列表页 block.asp。这张网页包含了三个主要功能：一是显示当前网页在 BBS 论坛中位置的导航条；二是分页显示本版块的所有主题帖；三是发表主题帖的表单及表单元素。

　　1. 显示本版块的所有主题帖

　　这是本页面最为关键的一部分，可以把它分成以下四个小部分。

　　①主题帖列表表头部分，用一个静态表格。

　　②建立记录集,设置分页参数等，注意建立记录集 rs 时的 SQL 语句中的查询条件 block="&request.QueryString("Block")，它是从 index.asp 的连接中传递来的 URL 参数 block，使用此参数来找出属于当前版块的所有帖子；再有 SQL 查询条件 Topic=0，指定必是主题帖。这两个条件一起用的意思就是查询属于本版块的所有主题帖。

　　③用循环来显示记录集中的内容（当前版块的主题帖）。

　　④显示分页情况：共多少个主题帖；分多少页及页码。请参照上一章的分页节的例题。

　　2. 发表主题帖的表单部分

　　这一部分使用了条件语句，当用户已经登录（session("userName")<>""），则显示发表主题帖表单，若没有登录（session("userName")=""），则显示登录/注册提示信息。请看运行结果（见图9-7）和程序清单。表单上的字数统计功能和主题和回复字数限制用 JavaScritp 的函数实现，这些 JavaScript 函数放在 mainJs.js 文件中，这些函数在第 5 章中已经学习过。

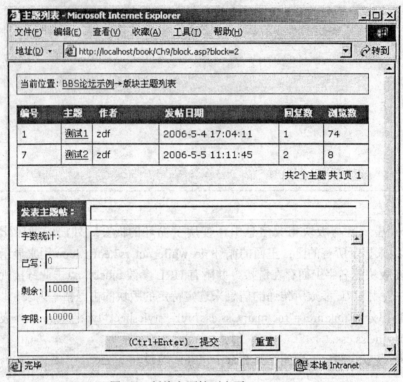

图 9-7　版块主题帖列表页　block.asp

---清单　block.asp---

```
<!--#include file="conn.asp" -->
<!--#include file="Inc/mainFun.asp" -->
<html>
<head>
    <title>主题列表</title>
    <!-- 链接外部 CSS 文件-->
    <link href="Inc/mainCss.css" rel="stylesheet" type="text/css">
    <!-- 链接外部 JavaScript 文件-->
    <script src="Inc/mainJs.js"></script>
</head>
<body>

<!--功能一:位置导航条 -->
<table width="98%" border="0" cellpadding="5" cellspacing="1" bgcolor="#666666">
```

```
<tr>
    <td bgcolor="#dddddd">
        当前位置: <a href="index.asp">BBS 论坛示例</a>→版块主题列表
    </td>
</tr>
</table>
<br>


<!--功能二:分页显示本版块的所有主题帖 -->


    <!--2.1  主题帖列表  表头部分-->
    <table width="98%" border="0" cellpadding="5" cellspacing="0" bgcolor="#666666">
    <tr>
        <td width="50" class="td1">编号</td>
        <td class="td1">主题</td>
        <td width="80" class="td1">作者</td>
        <td width="150" class="td1">发帖日期</td>
        <td width="50" class="td1">回复数</td>
        <td width="50" class="td1">浏览数</td>
    </tr>
    </table>
<%
    '---2.2 建立记录集,设置分页参数
    dim rs
    set rs=Server.CreateObject("ADODB.Recordset")
    '注意：SQL 语句中的条件"block=...."，选择当前版块的帖子
    '注意：SQL 语句中的条件"Topic=0"，选择主题帖
    '注意: SQL 语句的排序语句"order by LastReply desc",根据最后复降序
    rs.Open "Select * from Comment where Topic=0 and block="&request.QueryString("Block")&"
order by LastReply desc",conn,1
    '条件语句：如果记录集 rs 为空，则显示相关信息.
    if rs.eof and rs.bof then
    response.write "<table width=98% border=0 cellpadding=5 cellspacing=1 bgcolor=#666666>
<tr bgcolor=#ffffff><td>当前版块还没有主题帖!</td></tr></table>"
    '条件语句：如果记录集 rs 不为空，分页显示记录集
    else

    '---如果第一次打开，不带 URL 参数 pageNo，则显示第一页----------
    Dim pageNo,pageS
    if Request.querystring("pageNo")="" Then
```

高等院校计算机系列教材

```
    pageNo=1
   else
    pageNo=cInt(request.querystring("pageNo"))
   end if


'开始分页显示，指向要显示的页，然后逐条显示当前的所有记录
rs.PageSize=10    '设置每页显示 10 条记录
pageS=rs.PageSize   'PageS 变量用来控制显示当前页记录
rs.AbsolutePage=pageNo'设置当前显示第几页
'---2.3  主题帖列表
do while not rs.eof and pageS>0
%>
   <table width="98%" border="0" cellpadding="5" cellspacing="1" bgcolor="#666666">
    <tr bgcolor="#FFFFFF">
      <td width="50" bgcolor="#FFFFFF"><%=rs("Id")%></td>
      <td bgcolor="#FFFFFF">
       <%'链接到 topic.asp
          '一个链接中带有两个 URL 参数 block 和 topic
          '使用自定义函数 myReplace 来替换字符实体
         response.write"<a
      href='topic.asp?block="&rs("block")&"&topic="&rs("Id")&"'>"&myReplace(rs("Title"))&
      "</a>"
       %>
      </td>
      <td width="80" bgcolor="#FFFFFF"><%=rs("Author")%></td>
      <td width="150" bgcolor="#FFFFFF"><%=rs("Date")%></td>
      <td width="50" bgcolor="#FFFFFF"><%=rs("Reply")%></td>
      <td width="50" bgcolor="#FFFFFF"><%=rs("Browse")%></td>
    </tr>
   </table>
<%
   rs.movenext
   pageS=pageS-1
   loop
%>
   <!--2.4  显示分页集 -->
   <table width="98%" border="0" cellpadding="5" cellspacing="1" bgcolor="#666666">
    <tr>
      <td align="right" bgcolor="#dddddd">
<%
```

```
response.write "共"&rs.RecordCount&"个主题 "    '共多少条记录
    response.write "共"&rs.PageCount&"页 "         '共分多少页
    dim i      'i 作为循环变量
    for i=1 to rs.PageCount
     if i=pageNo then
       response.write i&" " '分页，如果是当前页，则不存在链接
     else
       response.write  "<a  href='block.asp?block="&request.querystring("block")&  "&pageNo=
"&i&"'>"&i&"</a> "
      end if
    Next
   %>
   </td>
  </tr>
</table>
<%end if %>
<br>
```

```
<!-- 功能三: 发表主题帖表单及文本域/登录提示-->
<%if session("userName")<>"" then %>
    <!--3.1 已经登录则显示发表主题帖表单  -->
<form action="newTopic.asp?block=<%=request.QueryString("block")%>" method="post" name=
"reply" id="reply"    onSubmit="javaScript:return checkMinLen(this.title,5,' 帖子主题不得短于 5
个字节!')&&checkMinLen(this.comment,5,'帖子内容不得短于 5 个字节!')">
   <table width="98%" cellpadding="5" cellspacing="1" bgcolor="#666666">
    <tr>
       <td width="120" class="td1">发主题帖(&lt;40 字)：</td>
       <td bgcolor="#FFFFFF"><input name="title" type="text" id="title" size="50" onKeyUp=
"checkMaxLen(this.form.title,40,'帖子标题不能长于 40 个字符')"></td>
    </tr>
    <tr bgcolor="#FFFFFF">
      <td width="120">字数统计: <br><br>
        已写:<input name="used" type="text" id="used" value="0" size="5" disabled>
        <br><br>
        剩余:<input name="remain" type="text" id="remain" value="2000" size="5" disabled>
        <br><br>
        字限:<input name="total" type="text" id="total" value="2000" size="5" disabled>
      </td>
      <td>
        <textarea  name="comment"  cols="50"  rows="8"  id="comment"  onKeyUp="gbcount
```

```
(this.form.comment,this.form.total,this.form.used,this.form.remain)" >
      </textarea>
      </td>
    </tr>
    <tr bgcolor="#FFFFFF">
      <td colspan="2" align="center">
      <input type="submit" name="Submit" value="OK!__发表主题帖">
       
      <input type="reset" name="Submit2" value="重置">          </td>
    </tr>
  </table>
</form>


      <!-- 3.2 没有登录则显示登录/注册提示 -->
<%else%>
<table width="98%" border="0" cellpadding="5" cellspacing="1" bgcolor="#666666">
  <tr bgcolor="#dddddd">
    <td>
    想要发表新主题帖?
    请先  <a href="index.asp">登录</a>  或  <a href="regForm.asp">注册</a>
    </td>
  </tr>
</table>
<%end if %>


</body>
</html>


<%
'关闭与数据库的连接
conn.close
set conn=nothing
%>
```

9.6 发表新主题帖功能页 newTopic.asp

在 block.asp 中填写提交表单就会转到 newTopic.asp 中收集用户填写的表单信息,若正确填写表单则在数据库表 comment 中插入一条新记录,用户发表的主题帖数增加一个,给出发表主题帖成功信息；若用户未登录或 session 已经过期给出发帖失败信息。当然，此页面也有导航部分，和 block.asp 中的导航部分相差无几。

请看语句：

conn.execute ("insert Into Comment(Block,title,Comment,Topic,Author,IP) values ("&request.QueryString("block")&",'"&request.Form("title")&"','"&request.Form("comment")&"',0 ,'"&session("userName")&"','"&request.ServerVariables("REMOTE_ADDR")&"')")

除了要插入帖子标题、内容、发帖人、发帖客户机 IP 外，更重要的是 Block 和 Topic 两个字段的内容，Topic 的值为 0 表示是主题帖，block 的值为 request.QueryString("block")，表示是当前版块的主题帖。

发帖成功后，发帖用户的发帖数增加 1：conn.execute("Update Users set Topic=Topic+1 where Name='"&session("userName")&"'")。

请看发帖成功的运行结果（见图 9-8）和网页代码。

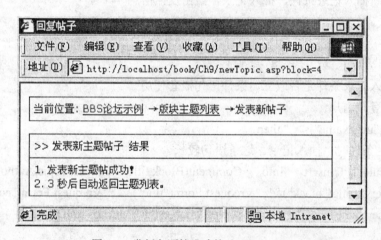

图 9-8　发新主题帖成功的 newTopic.asp

---清单　newTopic.asp---

```
<!--#include file="conn.asp" -->
<html>
<head>
    <title>回复帖子</title>
    <!-- 链接外部 CSS 文件-->
    <link href="Inc/mainCss.css" rel="stylesheet" type="text/css">
    <!-- 3 秒后转到 block.asp，带 URL 参数 -->
    <meta http-equiv="refresh" content="3; URL=block.asp?block=<%=request.QueryString("block")%>">
</head>
<body>
```

```
<!--功能一:位置导航条  -->
<table width="98%" border="0" cellpadding="5" cellspacing="1" bgcolor="#666666">
  <tr>
    <td bgcolor="#dddddd">
    当前位置:
    <a href="index.asp">BBS 论坛示例</a>
    →<a href="block.asp?block=<%=request.QueryString("block")%>">版块主题列表</a>
    →发表新帖子
    </td>
  </tr>
</table>


<!--功能二:判断插入记录条件，插入记录，给出反馈信息  -->
<%
dim str

    '-- 判断插入记录条件是否成立，条件语句嵌套使用
      '--是否登录用户
    if session("userName")<>"" then
      '-- 满足条件时，插入记录。这条语句较长。
    conn.execute ("insert Into Comment(Block,title,Comment,Topic,Author,IP) values
("&request.QueryString("block")&",'"&request.Form("title")&"','"&request.Form("comment")&"',0
,'"&session("userName")&"','"&request.ServerVariables("REMOTE_ADDR")&"')")

    '发帖用户的主题帖数+1
    conn.execute("Update Users set Topic=Topic+1 where Name='"&session("userName")&"'")
      '--给出反馈信息
    str="1. 发表新主题帖成功！<br>2. 3 秒后自动返回主题列表。"
else
str="1. 你还没有登录,发表新主题帖失败！<br>2. <a href=index.asp>点击这里登录;</a><br>3.
3 秒后自动返回主题列表。"
end if
%>


<br>
<table width="98%" border="0" cellpadding="5" cellspacing="1" bgcolor="#666666">
  <tr bgcolor="#dddddd">
    <td>>> 发表新主题帖子  结果</td>
```

```
  </tr>
  <tr bgcolor="#FFFFFF">
    <td><%=str%></td>
  </tr>
</table>
</body>
</html>
<%
'关闭与数据库的连接
conn.close
set conn=nothing
%>
```

9.7　显示特定的主题帖和回复页 topic.asp

在 block..asp 中点击某个帖的主题文字就会转到 topic.asp，这一页有三个主要功能：一是显示当前网页在 BBS 论坛中位置的导航条；二是分页显示特定主题帖及本帖的所有回复帖；三是发表回复帖的表单及文本域。

其中第二部分功能是最为重要和最为复杂的。

每一个帖子（包括主题帖和回复帖）中要显示发帖人的基本信息和帖子基本信息，这些信息记录在 Users 和 Comment 两张表中，因此要建立两个记录集对象：rs2、rs。

先建立记录集对象 rs：

rs.Open "Select * from Comment where Topic="&request.QueryString("topic")&" or Id="&request.QueryString("topic")&" order by topic asc,date desc",conn,1

SQL 语句的条件是 Or 逻辑："…Topic="&request.QueryString("topic")选取回复帖，"…Id="&request.QueryString("topic")选取回复帖。

SQL 语句的排序是：" order by topic asc,date desc"，作用是把主题帖放在最前面，把回复帖按回复时间降序排列。

在 do while…loop 循环中建立记录集对象 rs2：

rs2.Open "Select * from Users where name='"&rs("Author")&"'",conn

SQL 语句的条件是："…name='"&rs("Author")&"'"，选取发帖人的记录，一般说来，用户名是唯一的，因此记录集对象 rs2 中只有一条记录。

rs 中包含本主题帖及所有回复帖，用循环语句来输出每一个帖子的详细信息，在每一次循环中再查询一次数据库表 Users，得到发帖用户信息的记录集 rs2，并把用户信息显示在合适的地方。当然还要对帖子进行分页显示。请看运行结果（见图 9-9）和网页代码。

高等院校计算机系列教材

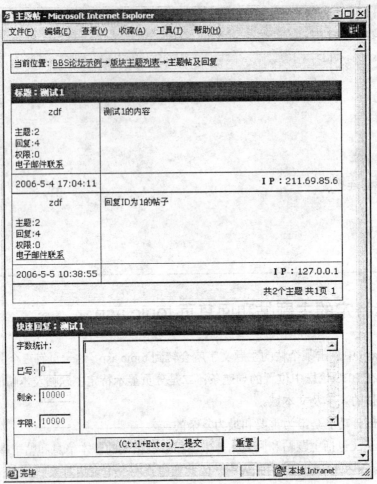

图 9-9　特定的主题帖和回复页 topic.asp

--清单　topic.asp--

```
<!--#include file="conn.asp" -->
<!--#include file="Inc/mainFun.asp" -->
<html>
<head>
    <title>主题帖</title>
<link href="Inc/mainCss.css" rel="stylesheet" type="text/css">
<script src="Inc/mainJs.js"></script>
</head>
<body>
    <!--功能一：位置导航条  -->
    <table width="98%" border="0" cellpadding="5" cellspacing="1" bgcolor="#666666">
      <tr>
        <td bgcolor="#dddddd">当前位置:
          <a href="index.asp">BBS 论坛示例</a>
```

```
    →<a href="block.asp?block=<%=request.QueryString("block")%>">版块主题列表</a>
    →主题帖及回复
    </td>
  </tr>
</table>
<br>
<!--功能二：分页显示某主题帖及其回帖 -->
<%
  dim rs
  set rs=Server.CreateObject("ADODB.Recordset")
  rs.Open "Select * from Comment where Topic="&request.QueryString("topic")&" or Id=
"&request.QueryString("topic")&" order by topic asc,date desc",conn,1
  '---浏览数+1
  conn.execute("Update Comment set browse=browse+1 where id="&request.QueryString
("topic"))
  '---如果第一次打开，不带 URL 参数 pageNo，则显示第一页----------
  Dim pageNo,pageS
  if Request.querystring("pageNo")="" Then
    pageNo=1
  else
    pageNo=cInt(request.querystring("pageNo"))
  end if
  '开始分页显示，指向要显示的页，然后逐条显示当前的所有记录
  rs.PageSize=5   '设置每页显示 5 条记录
  pageS=rs.PageSize   'PageS 变量用来控制显示当前页记录
  rs.AbsolutePage=pageNo'设置当前显示第几页
  '--在第一页中显示主题帖标题
  if pageNo=1 then
%>
<table width="98%" border="0" cellpadding="5" cellspacing="1" bgcolor="#666666">
  <tr>
    <td class="td1">标题：<%=myReplace(rs("Title"))%></td>
  </tr>
</table>
<%end if
'--循环显示帖子回复内容（包括主题帖子内容）
do while not rs.eof and pageS>0
 %>
<table width="98%" border="0" cellpadding="5" cellspacing="1" bgcolor="#666666">
  <tr bgcolor="#FFFFFF">
```

```
<td width="120" valign="top">
  <%'--建立记录集对象 rs2
    dim rs2
    set rs2=Server.CreateObject("ADODB.Recordset")
    rs2.Open "Select * from Users where name='"&rs("Author")&"'",conn
  %>
    <!--显示发帖人基本信息 -->
    <div align=center><%=rs2("Name")%></div><br>
    主题:<%=rs2("Topic")%><br>
    回复:<%=rs2("Reply")%><br>
    权限:<%=rs2("Power")%><br>
    <a href="mailto:<%=rs2("Email")%>">电子邮件联系</a><br>
</td>
<td height="80" valign="top">
    <!--帖子内容 -->
    <%=myReplace(rs("Comment"))%>
</td>
</tr>
<tr bgcolor="#FFFFFF">
  <td><%=rs("Date")%></td>
  <td align="right">IP：<%=rs("IP")%></td>
</tr>
</table>
<%rs.movenext
pageS=pageS-1
loop
%>
        <!--显示分页集 -->
<table width="98%" border="0" cellpadding="5" cellspacing="1" bgcolor="#666666">
  <tr>
    <td align="right" bgcolor="#dddddd"><%
  response.write "共"&rs.RecordCount&"个主题 "    '共多少条记录
    response.write "共"&rs.PageCount&"页 "        '共分多少页
    dim i      'i作为循环变量
    for i=1 to rs.PageCount
      if i=pageNo then
        response.write i&" " '分页，如果是当前页，则不存在链接
      else
        response.write    "<a    href='topic.asp?block="&request.querystring("block")&"&topic=
"&request.querystring("topic")&"&pageNo="&i&"">"&i&"</a> "
```

```
        end if
    Next%>
    </td>
  </tr>
</table>
<br>
```

```html
<!--功能三:发表回复表单  -->
<% if session("userName")<>"" then %>
  <!--指针移动到第一条记录，以便显示回复的主题  -->
<%rs.movefirst%>
<form
action="reply.asp?block=<%=request.QueryString("block")%>&topic=<%=request.QueryString
("topic")%>" method="post" name="reply" id="reply" onSubmit="javascript:return checkMinLen
(this.comment,5,'帖子主题不得短于 5 个字节!')" >
  <table width="98%" cellpadding="5" cellspacing="1" bgcolor="#666666">
    <tr>
      <td colspan="2" class="td1">
      <!--回复的主题  -->
      快速回复：<%=rs("title")%>
      </td>
    </tr>
    <tr bgcolor="#FFFFFF">
      <td width="150">
      字数统计: <br><br>
      已写:<input name="used" type="text" id="used" value="0" size="5" disabled>
      <br><br>
      剩余:<input name="remain" type="text" id="remain" value="2000" size="5" disabled>
      <br><br>
      字限:<input name="total" type="text" id="total" value="2000" size="5" disabled>
      </td>
      <td>
      <textarea  name="comment"  cols="50"  rows="8"  id="comment"  onKeyUp="gbcount
(this.form.comment,this.form.total,this.form.used,this.form.remain)" ></textarea>
      </td>
    </tr>
    <tr bgcolor="#FFFFFF">
      <td colspan="2" align="center">
        <input type="submit" name="Submit" value="OK!__发表回复!">
         <input type="reset" name="Submit2" value="重置">
```

```
        </td>
      </tr>
    </table>
</form>
<%else%>
<table width="98%" border="0" cellpadding="5" cellspacing="1" bgcolor="#666666">
    <tr bgcolor="#dddddd">
      <td>
        想要回复？请先 <a href="index.asp">登录</a> 或 <a href="regForm.asp">注册</a>
      </td>
    </tr>
</table>
<%end if %>
</body>
</html>
<%
conn.close
set conn=nothing
%>
```

9.8　发表回复帖 reply.asp

回复表单显示在 topic.asp 中，当用户提交表单时就会转到 reply.asp 中。reply.asp 也可以分成三个部分：一是显示当前网页在 BBS 论坛中位置的导航条；二是根据条件插入/修改记录；三是显示反馈信息。

其中第二部分最为复杂和重要，先判断是否登录用户，用户没登录则 topic.asp 中不显示表单，更不可能提交表单。但有时用户登录后打开 topic.asp 长时间（如超过 20 分钟）没有操作网页，提交表单转到 reply.asp 时 session("userName")已经过期，回复当然失败。

如果条件满足，就会在表单 Comment 中插入记录，给出回复成功信息，主题帖回复数加 1，用户的回复数加 1，修改主题帖的最新回复时间；若回复条件不成立，不修改数据库表，给出失败信息。

在表 Comment 中插入记录时，除了插入回复内容、用户名、时间、IP 信息外，还有两个重要字段要插入正确的信息：Block 和 Topic。Bock 为当前版块编号，Topic 为回复的主题帖的编号。它们是利用 URL 参数从 topic.asp 中带到 reply.asp 中的，请看插入记录的 SQL 语句：

"insert Into Comment(Block,Comment,Topic,Author,IP) values ("&request.QueryString("block")&",'"&request.Form("comment")&"',"&request.QueryString("topic")&",'"&session("userName")&"','"&request.ServerVariables("REMOTE_ADDR")&"')"

使用 request.QueryString("block")和 request.QueryString("topic")取得两个 URL 参数的值。

请看运行结果（见图 9-10）和网页代码。

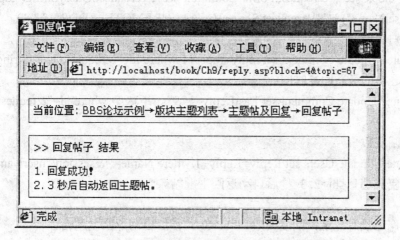

图 9-10　发表回复帖成功的 reply.asp

--清单　topic.asp--

```
<!--#include file="conn.asp" -->
<html>
<head>
    <title>回复帖子</title>
    <link href="Inc/mainCss.css" rel="stylesheet" type="text/css">
    <!--3 秒钟生动转跳到 topic.asp，带两个 URL 参数 -->
    <meta   http-equiv="refresh"   content="3;URL=topic.asp?block=<%=request.QueryString
    ("block")%>&topic=<%=request.QueryString("Topic")%>">
</head>
<body>
<!--功能一:位置的导航条 -->
<table width="98%" border="0" cellpadding="5" cellspacing="1" bgcolor="#666666">
  <tr>
    <td  bgcolor="#dddddd">当前位置: <a  href="index.asp">BBS 论坛示例</a>→<a href=
"block.asp?block=<%=request.QueryString("block")%>"> 版 块 主 题 列 表 </a> → <a  href=
"topic.asp?block=<%=request.QueryString("block")%>&topic=<%=request.QueryString("Topic")
%>">主题帖及回复</a>→回复帖子</td>
  </tr>
</table>
<%
'---功能二:根据条件插入/修改记录
dim str
if   session("userName")<>"" then
'---插入记录
```

```
conn.execute ("insert Into Comment(Block,Comment,Topic,Author,IP) values ("&request.
QueryString("block")&"',"'&request.Form("comment")&"',"&request.QueryString("topic")&",'
"&session("userName")&"',"'&request.ServerVariables("REMOTE_ADDR")&"')")
'---回复数+1
conn.execute("Update Comment set reply=reply+1 where id="&request.QueryString("topic"))
'---修改主题帖的最新回复时间
conn.execute("Update Comment set LastReply=#"&now( )&"# where id="&request.QueryString
("topic"))
'---用户的回复数+1
conn.execute("Update Users set Reply=Reply+1 where Name='"&session("userName")&"'")
str="1. 回复成功！<br>2. 3 秒后自动返回主题帖。"
else
    str="1. 您还没有登录，回复失败！<br>3. 3 秒后自动返回主题帖。"
end if
%>
<br>
<!--功能三:给出反馈信息 -->
<table width="98%" border="0" cellpadding="5" cellspacing="1" bgcolor="#666666">
  <tr bgcolor="#dddddd">
      <td>>> 回复帖子 结果</td>
  </tr>
  <tr bgcolor="#FFFFFF">
      <td><%=str%></td>
  </tr>
  </table>
</body>
</html>
<%
  '关闭与数据库的连接
  conn.close
  set conn=nothing
%>
```

当然，我们现在学习的微型 BBS 论坛的功能简单得不能再简单了，但这是复杂网络应用系统的基础。把基础打扎实，再把整个系统的功能做得更完善并不是一件难事。用前面我们所学习的知识完全可以实现更复杂的功能，只是代码写得更长一些而已。但要想论坛运行得更快、占用更小的服务器资源、更加稳定，需要阅读学习更多的书籍，更多地实践与交流。

【练习九】

1．以第 5 章中学习过的层菜单为基础，在本 BBS 论坛的导航条中制作一个导航菜单，如图 9-11 所示。

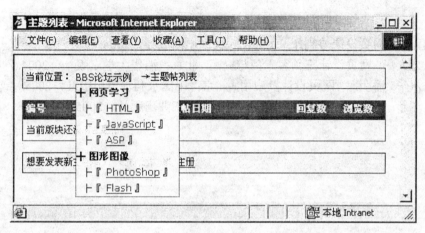

图 9-11

2．在数据库中增加一个表 SMS，实现论坛短信息功能，表结构如图 9-12 所示。

字段名称	数据类型	说明
id	自动编号	
fromuserid	数字	发信息人 Id
touserid	数字	收信息人 Id
content	备注	信息内容
new	是/否	信息是否已读

图 9-12

3．根据需要修改/增加数据库表，使 BBS 有管理员管理功能和其他较复杂的功能。

参 考 文 献

[1] 相万让. 网页设计与制作. 北京：人民邮电出版社，2004.

[2] 东方人华. 网页设计三剑客入门与提高. 北京：清华大学出版社，2004.

[3] 刘永华. 潘明寒. 网页设计及应用. 北京：中国水利水电出版社，2005.

[4] 刘瑞新. 网页设计与制作教程. 北京：机械工业出版社，2005.